阅读成就思想……

Read to Achieve

# 机器脑时代

## 機械脳の時代

## 数据科学究竟如何颠覆人类生活

データサイエンスは戦略・組織・仕事をどう変えるのか?

【日】加藤埃尔蒂斯聪志◎著
袁光◎译　徐颖◎审译

中国人民大学出版社

# 目　录

## 第 4 章　机器脑的第三板斧：预测功能



## 第 5 章　机器脑的设计要领



## 第 6 章　如何组建制造机器脑的团队



## 结语　普通人该如何迎接机器脑时代的到来

# 序言

# 机器脑时代的来临

# 何谓机器脑

生活中的众多领域正在悄无声息地发生着如同地壳运动般的剧烈变化。炒股赔钱时的挫败感、查看体检表时的紧张感、收听歌坛新秀作品时的欣喜感、观看人气影片时的兴奋感、出差在机舱中小憩时的舒适感……不知不觉中，我们的喜怒哀乐正在被“机器”悄悄地操控着。

如今，算法交易已经成为股市交易的常态，美国所有的证券交易所莫不如是。如果你炒股失败了，那么你极有可能是输给了交易所里的算法交易机。

用机器处理医疗数据的案例也越来越多。美国第二大医疗保险公司 Anthem 在给参保人做体检时，除了请医生为其做常规体检外，还会把用数据算法推算出的“第二诊疗”项目加入免费体检中。日本的医学界也在用算法做诊断，这种方法能够检测出医生诊查不出来的潜在疾病。在临床医疗中，算法做出的诊断结果比经验丰富的医生还要准确高明。

诺拉·琼斯（Norah Jones）的《远走高飞》（*Come away with me*）专辑曾热销 2000 万张，并荣获格莱美奖八项大奖。实际上，这位歌手是蓝调之音唱片公司用算法挖掘出来的名不见经传的艺人。

美国好莱坞大型电影制作公司在英国 Epagogix 公司的帮助

下，在开机前就能预测出影片的票房收入，并会接受对方提供的人气剧本及推荐的演员名单。可见，算法还是一位好编剧。

此外，算法还被导入了飞机管制系统。这样一来，人们就能及时发现机体中潜在的问题，从而未雨绸缪地排除各种隐患了。

编程各项判断条件就能创建算法。比如，编程指令可以写作“当满足上述条件时，就要这样处理”。

近年来，算法正以惊人的速度不断进行着升级与改进。即便人们没有下达指令，“温故而知新”的机器也会以人类无法解释的自动编程方式做到与时俱进。机器学习就是一例。具有自学能力的机器也让世界步入了一个与以往完全不同的新时代。

迄今为止，机械化的动力作业和熟练工作也正在改变人和机器的分工范畴。但这个阶段的机器只能取代人类的物理力和操作程序，并不能代替人类进行独立思考。

现在，我们要面对的是人类历史上首个机器能够独立思考的新时代。参照“产业革命时代”的命名法，我将这个新时代称作“机器脑时代”。

为什么不把它叫作“深度学习时代”或“人工智能时代”呢？这就像我们不能把产业革命叫作“纺织机革命”“蒸汽机革命”一样。产业革命时代并不是只有纺织机和蒸汽机发生了变化，而是社会的方方面面都发生了不同程度的变化。

深度学习是一项计算处理技术，而人工智能是一项关键技术的专属名词。和产业革命一样，我们正在经历的这场巨变不仅会影响与关键技术相关的人，还会影响生活中的各个领域。

随着智能载体在人和机器间的变化，公司竞争战略的制定、生产生活中人的分工与价值判断、工作的组织形式、教育制度、法律制定、国家战略，以及人类价值观等诸多方面也会发生翻天覆地的变化。因此，我们不能只关注关键技术的进步，更不能把这个时代称作“深度学习时代”或“人工智能时代”，而是要认清它的本质——即智能载体发生变化的“机器脑时代”。

我把本书定位为能够为你的工作献计献策的参考书。因此，书中不会向你介绍“人工智能”和“智能”的概念，而旨在提示你：有学习能力的机器脑在代替人类进行思考时，会给我们的生活带来哪些变化，会对我们的工作产生怎样的影响，以及我们该如何面对这样的时代。

在产业革命时代，那些失业的技术工人发起了破坏机器的运动，很多人还在与政府发生冲突的过程中受伤获刑（如卢德运动[①]）。过去，人与机器的分工是由业务的复杂程度、劳动成本、规定的开发周期、正确性以及技术水平等条件决定的。进入新时代后，这个决定人和机器分工的标准就变成了“判断力”。

技术的进步让人们必须接受现实，可为了避免卢德运动等悲剧再次上演，让人们理解机器脑时代的本质是十分必要的。

## 数据科学、机器学习与“不偷懒的兔子”

说到“机器脑时代”，有人可能要说：“人们不是早就把统计技术和计算机科学应用到工作中了吗？现在还有必要大肆宣扬时

① 卢德运动是英国工人以破坏机器为手段反对工厂主压迫和剥削的自发工人运动，首领被称为卢德王，故以此命名。——译者注

代的不同吗？”不错，以统计为主要技术的计算机科学确实早就被人们用于处理日常工作了。但本书意在为你揭示从现在开始即将发生的巨变。因为只在现有的领域里原地踏步，是无法预测未来趋势的。希望你在阅读本书后，能在未来的工作中把握住更多的机会。

那我们为什么要了解“机器脑时代”呢？我认为有以下几个原因。

原因一，它是从本质上有别于迄今为止依然被广泛应用的统计学的主流科技——机器学习的核心技术。统计学是一门以平均、离散、关系为主要观点，通过把握数据特征进行预测的具有辅助性质的学科。机器学习则是指人们无须向机器发号施令，只需把数据传输给机器，机器就能实现“自学”的技术。它与前者是完全不同的两个概念。

数据信息越复杂，收集个别指令就越困难。统计学在处理庞大的数据时，只能帮我们了解到数据的平均特征。也就是说，统计学并不能为我们提供精准的信息。机器学习却能在保留所有特征的基础上进行精密计算。比如，少数派数据的特点是数量少，分类多。机器学习能够对少数派的数据做出更为复杂的判断。

机器学习还能得出更精准的结果。过去，围棋和象棋的程序是无法战胜专业棋手的，电脑也无从识别相片上的人究竟是谁。我们不能说“有了统计学和计算机科学就不需要机器学习了”，也不能说“有马车就不用汽车了”。我们不能因为无视基础层面的本质差异而低估了新事物。实际上，统计学称王称霸的时代已经结束了。机器学习凭借无须人们劳心费力就能得出更为精准的结果，已经走上了历史的舞台。

原因二，升级迅速。机器学习的一大特点就是分析的数据越多，就越能得出精准的结果。

统计学是一门求证平均值的学科。不过，平均值未必很精准、很有针对性。而机器学习在对收集的数据稍加分析后，就能随着数据的增加而得出更精准的结果。例如，谷歌无人驾驶汽车行驶的路程越长，就越能积累到如何处理被突然出现的小动物拦住去路的经验。这意味着行驶经验越丰富的汽车，其行驶技术就越高明。数据规模会促进机器运行的良性循环。

在《龟兔赛跑》的故事中，兔子是因为骄傲大意而输掉比赛的，但算法却不会重蹈兔子的覆辙。即便我们在睡觉休息，机器也能够遵从算法的指令，日夜兼程地自动升级。本书列举的诸多企业都有各自的数据收集平台。由于各企业的设备都能自动处理收集到的数据，所以这些设备的升级速度是非常惊人的。拥有这种设备的企业就像一只不偷懒的兔子。乌龟跟不偷懒的兔子赛跑是毫无胜算可言的。那些像乌龟一样坚信通过努力奋斗就能成功的企业，只有像兔子一样进行大刀阔斧的改革才能有未来。有人也许会问：不成为兔子，乌龟就不能按自己的节奏前进了吗？实话实说，用传统的工作方法去对抗以数据科学为武器的企业是十分困难的。对此，我会在第 1 章中向你详述对这个问题的看法。

原因三，具有思考能力的机器不仅会影响企业战略，还会对我们的工作、能力开发等方面造成影响。当然，仅仅一项核心技术是不能否定我们多年积累的经验和个人的市场价值的。

计算机的出现让人们实现了自动化办公。如今，恐怕已经没有人想用计算机问世之前的工作方法来处理业务了。汽车取代了马车后，车夫也被汽车司机和修理工所取代。汽车的出现不仅改变了个人技能，也大大影响了应用主体、公路等基础设施的建设、能源政策，以及为争夺资源而展开的国际竞争等。如果随着机器思考能力的提升，机器能对我们没有想到的问题做出判断，那世界又将会发生怎样的变化呢？

应该说这个变化是持续性的。从我们自身的职业发展来看，我们应具备能够预测新技术发展方向的能力，并为提升这种能力付出足够的时间。

在理解基础技术时，我们应该着重关注其影响范围和特定规模。就像不能从技术层面把产业革命时代称为蒸汽机时代一样，我们也不能把这个时代称作“人工智能时代”或“机器学习时代”，而应该将其称为“机器脑时代”。

综上所述，急速发展的机器学习的实质就是用机器代替人脑做判断。因此，它的影响范围和规模与计算机和统计学的应用不可同日而语。由于该领域的技术升级能够促进新一轮的技术革新，所以其特征就是技术的发展速度非常快。

为了能够在这样的时代把握机遇，我们不能只关注机器学习的技术层面，还应该从“思考”的范畴上将之理解为人与机器的分工发生巨变的“机器脑时代”。

就像火炮的出现改变了战争一样，新武器的出现总会在很大程度上影响传统的战略和战术。为了更好地运用新武器谋取胜利，我们必须拥有与之匹配的技术与能力。

## 本书的写作意义

我们怎样才能灵活地应用机器学习这个新武器呢？可以在公司内部组建专家团，请他们把控处理数据的大方向；可以参加媒体机构、SI 企业主办的大数据研讨会；可以请顾问预测未来有哪些能够把握的商机；文科背景的员工也可以去学个编程补补课……

上述这些都是具体的措施。首先，在不轻信刊载流行语和作为工具索引的 IT 杂志及“专家点评”的前提下，我们要对机器学习的本质做出独立的理解。这个提议听起来有些老套，但机器学习的本质并不是那么容易就能理解的。

大企业的领导、管理某产业的政府官员、钻研统计数理学科的研究员、知名大学的教授……在我认识的这些人当中，能够对近年数据科学的高速发展、企业的竞争环境的急剧变化拥有真知灼见的人可谓凤毛麟角。尽管有的企业已经在公司内部组建了数据分析专家团，但由于专家们没能把数据信息应用到生产实践中，没能建立起理论与实践紧密相连的工作制度，所以很多组织用以提升员工能力的学习活动均以失败告终。

本书强调的不是“机器脑时代一定会到来”这一既成事实，而是那些发生在现实中的真实案例。这些案例都涉及举世闻名的、业已开发成功的产品。它们是人类用机器学习创造新时代的结晶与证明。

我写作本书不是为了鼓吹“危机意识”，而是想为身处机器脑时代的你提供“工作会发生怎样的变化”“我们应该学些什么”“如何应对职场挑战”等富有建设性的意见。为此，本书会以举证、列举观点的方式来进行阐述，希望能为你的工作与生活助一臂之力。

相信大家都认为数据科学人才在未来最有竞争力。的确，在现今的人才市场上，优秀的数据科学家是各个企业竞相追求的红人。美国《财富》杂志刊载了一份大学应届毕业生起薪排行榜。其中，计算机专业的毕业生平均起薪高达 8.5 万美元。该薪资仅次于医学专业毕业生（起薪 10 万美元），位居第二。有些应届生的年薪甚至超过了 20 万美元。日本企业为了招募到该领域的人才，也给该专业的研究生开出了月薪近百万日元的高薪。

这并不意味着其他专业的毕业生在这个时代就无所作为。机器脑的制作与应用并不取决于个人技术的优劣，而取决于团队成员的协作与配合。负责团队数据科学与业务衔接的工作也需要有人来做。因此，即使你不去理工研究生院进修与计算机专业相关的课程，也能在新时代发挥才能并贡献力量。比如，掌握与数据科学家交流的方法、提高业务水平或改变思考方法都是有助于实现自我价值的可行措施。

我本人也参与过很多项目，具体职责是为业务部门和数据科学家创造良好的沟通语境。结合多年的工作心得，我把成功经验和失败教训总结出来付梓成书，希望对你有所帮助。

在写作前，我也读过很多介绍大数据、工作统计、编程指南方面的工具书，但那些书只讲了一些看上去令人群情激奋的案例，却对特定技术的讲解不够充分。我在阅读那些书时很难联想到具体的工作场景，也没有“如闻仙乐耳暂明”之感。它们不能让读者从整体上把握新时代的脉搏，看过之后也不知道该如何付诸行动。

因此，本书最大的特征就是阐述了业务、科学与技术三者之间的关系。本书的读者群有：（1）统计学、计算机科学应用的负责人；（2）系统导入和应用的负责人；（3）想为公司业绩和利润提升做贡献的负责人，以及想成为这三类人的读者朋友们。

我将从上述三个角度去解答“我该怎样做”等大家关注的问题。希望书中对业务、科学、技术三者融会贯通的阐述，会给你带来启发与帮助。此外，本书还适合想要提升数据应用能力的人和刚刚组建的数据分析团队阅读。共同语境下的交流能大幅提升团队的战斗力。

在揭示数据竞争时代本质的基础上，本书还会对经营战略、工作战略、数据战略等问题做出三位一体式的讲解。

为使阐述更连贯完整，我对上述问题的主要特征进行了特别处理，介绍了较为专业的知识。你在阅读时只需了解该专业有哪些观点，该如何理解即可。为了让这些观点对你的工作有所帮助，我建议你利用业余时间通读本书。

## 主要内容介绍

下面是我在咨询会和研讨会上经常听到的问题，我在各章节分别对这些问题是做出了回答。

由于本书各章内容相对独立，你既可以通读全书，也可以只读取对你有价值的部分。为了便于理解，我在各章节的导言处增加了一些过渡性的提示，如果这增加了你的阅读负担，还请多多见谅。

**问：机器学习能为我们做些什么呢？**

答：它可以对可视化、分类、预测做出判断（第1章）。本书的第2章、第3章和第4章在列举案例的基础上，对机器学习的判断方法做出了详细的介绍。

**问：哪些企业适合阅读本书？哪些企业已经做出了成绩？**

答：除了谷歌、亚马逊等互联网新兴企业的员工可以阅读本书，那些传统产业的企业、中小企业、风投公司的员工和业界团体、政府、自治体、NPO等各种社会组织的成员也可以阅读本书。虽然本书不能为你面面俱到地讲述世间万象，却能将可视化、分类、预测等问题与具体案例结合做出详解（详见第2章~第4章）。

**问：我所在的公司并不像大企业那样拥有雄厚的资金和天才工程师，我们能利用数据科学开展工作吗？**

答：能。如前所述，现阶段的市场定位、资金能力和能否参与机器脑时代的竞争并无关联。因此，小企业也能参与进来。本书也介绍了不少本来在竞争中处于劣势、后来凭借数据科学起死回生的企业案例。没有天才工程师也没关系。本书介绍的是不依赖天才、精英，而是靠团队合作做出成绩的方法。第5章讲述的就是构建团队的必要分工和有助于工作开展的讨论方法。

**问：虽然我们也想用数据科学开展工作，但不知道该如何着手进行。从头开始学习的线索和框架是什么？**

答：详见 ABCDE 框架体系工作法。此外，本书总结了个人在参与应用数据的项目时需要具备的条件和资质（详见第 5 章）。

**问："大数据"听起来有点像供应商在兜售商品时的噱头。我不认为数据量增多就一定能对结果产生影响。因此，怎样才能摆脱"大数据"的圈套？**

答：我也见过不少对大数据的过度宣传。正因为如此，人们才产生了"数据量的增多不一定会影响结果"的想法。如果你只想为企业的价值提升做贡献，那么你只需明确能用数据科学解决的业务课题、理解系统和模型的原理就可以了。不学习复杂的公式和编程，一样能够对原理有大致的把握。只要了解每个模型最基本的特征，就能对供应商的提案做出正确的判断（详见第 5 章）。

**问：不懂编程和计算机科学会不会失业？我能从事别的工作吗？**

答：当然能。请注意，比起数据科学家那样的将才，企业更需要能够把控全局、统领工作的帅才。不过，你也必须懂一些关于新式"武器"的应用和实践方面的知识。你不必去研究生院进修培训，本书为你介绍的是相关知识的精华（见第 6 章）。

**问：学习数据科学能让我涨工资吗？**

答：这种想法太天真了。数据科学家是人才市场上的稀缺资源，该行业的收入水平的确相对较好。但如果数据科学家不能与业务员和工程师顺畅地交流，那么无论他怎样进修或转业，都终究难逃失业的下场。因此，数据科学家为了实现自身的价值，就必须学会与其他人进行沟通合作（第5章、第6章）。职场中对数据科学的应用是需要团队合作来完成的。精通专业且会与人合作的人才能拿到高薪。

书中的某些观点也许会让你感到惶恐不安，但我坚信这些在工作实践中总结出来的观点是正确的。我想把我的心得体会分享给更多的人。数据科学家的努力与尝试，把过去的不可能变成了现在的可能。如果本书能够助你实现理想，那将是我的无上荣幸。

# 第1章 解析机器脑

- 从不偷懒的兔子
- 人人都是参与者的时代
- 数据科学将成为人们的必备技能
- 机器脑的三板斧
- 三板斧的威力

## 从不偷懒的兔子

在伊索寓言中，大意轻敌的兔子因为在比赛中休憩而输给了功在不舍的乌龟。

不过，这个家喻户晓的寓言终究只是个故事而已。现实中的企业竞争是不可能出现这种情况的。

本书为你介绍的是拥有收集数据能力的平台，能用算法自动处理数据、改善设备的各企业的案例。谷歌、亚马逊等公司就是此类企业中的翘楚。我们可以把这样的企业称为“从不偷懒的兔子”。

与人不同的是，算法既不会因为疲劳而需要休息，也不会出现大意轻敌等问题。从近年的算法和大量数据处理进化的实例中可知，数据量越大，处理后得出的结果就越精确。

如果你在亚马逊的电子书客户端上阅读本书，那么你在什么时间读到了哪一页、读了几遍，写下了怎样的感想……这些数据都会被算法记录下来。书籍的检索记录、购买记录、用 Gmail 发给朋友的感想、写在亚马逊上的留言等诸多行为，也会成为算法在了解你的阅读习惯时的最佳线索。

之后，亚马逊网站会结合你的兴趣偏好自动为你推荐相关书籍。网站三成以上的销售额都是靠这种方法实现的。近年，该功能已经把网站的销售业绩提高了 35%。[①]

① 我以 2011 年亚马逊写给股东的信为依据，采访了相关人士，并得出了上述数据。

我在序言中以Anthem保险公司、蓝调之音唱片公司、Epagogix公司为例，向你介绍了数据科学。除了这些企业，一直以来对信息应用有着较高要求的产业也是算法技术较为发达的领域。算法在媒体行业中正逐步代替记者，“创作”出越来越多的新闻通稿和文案策划。软件“数据猴子”（Stats Monkey）在算法的处理下能够结合棒球赛的比分自动编辑文本，发送新闻。此外，它还可以撰写股票信息。

下边为你介绍的是美国Automated Insights科技公司用算法自动撰写体育新闻和股市新闻的案例：

> 公司不动产网站2月的访问量比1月增长了24%，总访问量为792 385人次……点击率最高的页面为参考网页和检索引擎登录网页。关键词为“教堂山不动产”的付费广告网页、七个促销网页以及三个社交网站网页。

过去，撰写企业内部用的分析报告、新闻报道都需要撰稿人具有较好的文笔和洞察力。现在，自动编辑软件得到了人们的广泛认可。美国雅虎网站上所有的足球比赛报道都是用自动编辑软件撰写的。2013年，该公司发送了约三亿多条新闻和报道。2016年，雅虎公司发送了约15亿条新闻和报道。如果按每天24小时、一年365天的工时计算，则该公司每秒可以编写出1.6条新闻。这样的速度是人力无法企及的。

自动编辑软件还能编写出决算信息的摘要。2017年1月，《日本经济新闻》推出了一项服务，即自动整理企业公布的决算短信中的决算信息，并将其编写成摘要。再比如，过去新闻的收集整理信息工作都是由报社员工彻夜不眠地伏案奋战，在破晓之前付梓印刷的。现在，收集整理信息的网站或手机小程序在掌握了你的检索历史后，就能为你推荐你感兴趣的新闻。

此外，打广告的方式也发生了变化。过去，大型广告代理商会把广告插播到热播的电视节目中，因此，想要让广告起到宣传作用，就要制定万无一失的经营策略。现在，网络上也有大量的媒体，生产商可以将商品的广告以实时传输的形式发送给最需要它的客户群。

## 人人都是参与者的时代

当然，上文未曾提及的企业也不是时代的旁观者。能够应用数据科学在竞争中获利的也不仅限于信息产业。

久负盛名的企业在活用数据科学经济的基础上，利用其雄厚的资金和顶级的数据科学工作法制定了新的战略战术。

2017 年 6 月，日本软银公司收购了谷歌公司的波士顿动力公司。波士顿动力公司是在美国军方、美国国防高等研究计划署（DARPA）的支持下，开发人工智能与机器人技术的企业。

电子商务领域的领军企业亚马逊公司收购了以零售有机食品为主业的全食超市。亚马逊公司最初是以收购 Kiva 系统、推行物流中心的自动化而闻名于世的。如今的亚马逊除了电子商务，还推出了无需收银员的全自动零售实体店服务。接手了全食超市连锁店的亚马逊如今又变身成了能够为中美两国提供大型集装箱油轮的著名企业。此外，亚马逊的 R&D 投资额为 1.5 万亿日元。与之相比，日本所有企业在 R&D 的投资额为 13 万亿日元。可见亚马逊的实力是多么强大[①]。

谷歌公司每年在R&D领域的投资几乎与亚马逊相同。这家从互联网上下载网站、收集链接信息的公司正筹谋着无人驾驶汽车的开发与设计。它们设计出的无人驾驶汽车已经行驶了上万千米（其实，谷歌公司开发的不是汽车，而是能够代替司机的驾驶系统）。

谷歌公司仅在2013年后就收购了七家与机器人技术研制有关的公司以及iPod之父托尼·法德尔（Tony Fadell）创建的、被称为“智能家居领域的苹果”的Nest实验室（收购价为32亿美元）、英国人工智能开发项目（收购价为6.5亿美元）。可见，谷歌公司不仅在线上业务做得风生水起，其线下业务也做得脚踏实地（如表1-1所示）。

**表1-1　被谷歌收购的机器人技术研发公司和硬件公司**

| 收购日期 | 被收购的企业名称 | 业务种类 | 国别 | 收购方 |
|---|---|---|---|---|
| 2013/12/2 | SCHAFT | 机器人技术、人形机器人 | 日本 | 谷歌X |
| 2013/12/3 | 美国工业知觉公司 | 机械臂、计算机视觉 | 美国 | 谷歌X |
| 2013/12/4 | 红木机器人公司 | 机械臂 | 美国 | 谷歌X |
| 2013/12/5 | Meka Robotics | 机器人 | 美国 | 谷歌X |
| 2013/12/6 | 赫洛姆尼 | 机械轮 | 美国 | 谷歌X |
| 2013/12/7 | Bot & Dolly | 机器人相机 | 美国 | 谷歌X |
| 2013/12/8 | Autofuss | 广告与设计 | 美国 | 谷歌X |
| 2013/12/10 | 波士顿动力公司 | 机器人技术 | 美国 | 谷歌X |
| 2014/1/4 | Bitspin | 安卓适时应用 | 瑞士 | 安卓 |

① 引自2014年亚马逊R资料、2014年日本总务省的《科学技术研究调查》。

续前表

| 收购日期 | 被收购的企业名称 | 业务种类 | 国别 | 收购方 |
|---|---|---|---|---|
| 2014/1/13 | 鸟巢实验室 | 智能家居 | 美国 | 谷歌 |
| 2014/1/15 | Impermium | 网络安全 | 美国 | 谷歌 |
| 2014/1/26 | DeepMindTechnologies | 人工智能 | 英国 | 谷歌 X |
| 2014/2/16 | SlickLogin | 网络安全 | 以色列 | 谷歌 |
| 2014/2/21 | spider.io | 反广告欺诈 | 英国 | Doubleclick，Adsense |
| 2014/3/12 | Green Throttle | 小插件 | 美国 | 安卓 |
| 2014/4/14 | 泰坦航空 | 高空无人机 | 美国 | Project Loon |
| 2014/5/2 | Rangespan | 电子商务 | 英国 | 谷歌购物 |
| 2014/5/6 | Adometry | 在线广告出处 | 美国 | 谷歌 |
| 2014/5/7 | Appetas | 餐厅网站创建 | 美国 | 谷歌 |
| 2014/5/7 | Stackdriver | 云计算 | 美国 | 谷歌云 |
| 2014/5/7 | MyEnergy | 在线公共设施使用情况监控 | 美国 | Nest Labs |
| 2014/5/16 | Quest Visual | 增强现实技术 | 美国 | 谷歌翻译公司密码项目部 |
| 2014/5/19 | Divide | 设备管理器 | 美国 | 安卓 |
| 2014/6/10 | 天体成像公司 | 卫星 | 美国 | 谷歌地图、谷歌气球 |
| 2014/6/19 | mDialog | 在线广告 | 加拿大 | 双击公司 |
| 2014/6/19 | Alpental Technologies | 无线技术 | 美国 | 谷歌 |
| 2014/6/20 | Dropcam | 家用监视器 | 美国 | 谷歌 |
| 2014/6/25 | Appurify | 移动设备云、测试服务 | 美国 | 鸟巢实验室 |
| 2014/7/1 | Songza | 音乐流 | 美国 | 谷歌云 |
| 2014/7/23 | drawElements | 图形兼容测试 | 芬兰 | 安卓 |
| 2014/8/6 | Emu | 开源即时聊天工具 | | 谷歌 |

续前表

| 收购日期 | 被收购的企业名称 | 业务种类 | 国别 | 收购方 |
|---|---|---|---|---|
| 2014/8/6 | Director | 手机视频 | 美国 | 谷歌娱乐、安卓电视 |
| 2014/8/17 | Jetpac | 人工智能、图像识别 | 美国 | 谷歌 X |
| 2014/8/23 | Gecko Design | 设计 | 美国 | 谷歌 X |
| 2014/8/26 | Zync Render | 视觉效果表现 | 美国 | 谷歌云平台 |
| 2014/9/10 | Lift Labs | 智能汤勺 | 美国 | 谷歌 X 生命科学部 |
| 2014/9/11 | Polar | 社会投票 | 美国 | 谷歌 + |
| 2014/10/21 | Firebase | 数据同步 | 美国 | 谷歌 X |
| 2014/10/23 | 深蓝实验室 | 人工智能 | 英国 | 谷歌深度思考 |
| 2014/10/23 | 视觉工厂 | 人工智能 | 英国 | 谷歌深度思考 |
| 2014/10/24 | Revolv | 智能家居 | 美国 | Nest Labs |
| 2014/11/19 | RelativeWave | 应用开发 | 美国 | Material Design |
| 2014/12/17 | Vidmaker | 视频编辑 | 美国 | YouTube |
| 2015/2/4 | Launchpad Toys | 儿童友好应用 | 美国 | YouTube 儿童频道 |
| 2015/2/8 | Odysee | 照片、视频分享与存储 | 美国 | 谷歌 + |
| 2015/2/23 | Softcard | 移动支付 | 美国 | 谷歌钱包 |
| 2015/2/24 | Red Hot Labs | 应用广告与探索 | 美国 | 安卓 |
| 2015/4/16 | Thrive Audio | 环绕声音技术 | 以色列 | 谷歌 Cardbound |
| 2015/4/16 | Tilt Brush | 3D 打印 | 美国 | 谷歌 Dardbound |
| 2015/5/4 | Timeful | 移动软件 | 美国 | 谷歌 Inbox、谷歌日历 |

续前表

| 收购日期 | 被收购的企业名称 | 业务种类 | 国别 | 收购方 |
|---|---|---|---|---|
| 2015/7/21 | Pixate | 原型与设计 | 美国 | Material Design |
| 2015/9/30 | Jibe Mobile | 移动云通信 | 美国 | 安卓 |

2013 年 12 月，Facebook 成立了人工智能研究所，并请来了纽约大学计算机科学的教授杨立昆（Yann LeCun）出任研究所所长。

由于算法已经掀起了各大企业之间激烈的竞争浪潮，所以我们每个人都不可能是时代的旁观者。有人可能会想："我所在的行业不像汽车行业那么大，又有独特的工作习惯，也许不会与谷歌、亚马逊这样的公司扯上关系吧？所以我的工作也不会有什么大的变化。"可其他企业一旦通过数据科学参与竞争，则竞争方式也会发生剧烈的改变。即使日本企业有其独特的经营习惯和行为准则，同行中的一些企业也会先发制人地采用数据科学工作法，从而使其他企业陷入极为被动的境地。

工程机械及矿山机械制造企业小松制作所就是传统型企业的代表。它们开发并应用的机车远程控制管理系统就让其在竞争中占尽先机。用户企业和代理商可以通过小松康查士管理系统实时掌握机车的位置、工作状况和潜在故障。

起初，小松制作所为了避免机器遭盗窃，就在机车里安装了 GPS 定位系统。如今，该系统还可以在预测出故障后做出更换部件的调度申请，并能够让机车的燃料消耗量实现可视化和效率化。可见，非互联网性质的企业也可以用数据科学来进行创新和改革，突破一直以来传统的行业格局。

表 1-2 为小松康查士管理系统可视图，该表显示了即便管理

人员不在施工现场，也能通过互联网掌握机车的运行状况。

表 1-2　小松康查士管理系统可视图

| 部件图标 | 警示项 | 详情 | 检查 / 整备 |
| --- | --- | --- | --- |
|  | 冷却水过热 | 引擎工作时的引擎水温过高，水温监控器图标指示灯就会变成红色 ※，提示引擎有烧坏的可能 | • 降低低速空转速度<br>• 检查冷却水量<br>• 检查机车水箱是否堵塞 |
|  | 引擎油压过低 | 引擎工作时，如果润滑油低于正常值，图标指示灯就会变成红色 ※，提示引擎有烧坏的可能 | • 关闭引擎<br>• 检查润滑油量<br>• 检查传感器、电线、连接器、监控盘 |
|  | 交流发电机充电不良 | 引擎工作时，收不到交流发电机传来的发电信号，充电不正常则图标指示灯就会变成红色 ※，提示机车有可能不能重启 | • 检查充电系统<br>• 检查 V 型带是否松动 |
|  | 引擎机油较少 | 引擎油盘的油量过低、不足时，图标就会变成红色 ※，此类状况频发则会让引擎有烧坏的可能 | • 关闭引擎<br>• 检查、补充油盘的油量 |
|  | 空气过滤器部件堵塞 | 空气过滤器部件堵塞时，图标指示灯会变成红色 ※，提示引擎有损坏的可能 | • 关闭引擎<br>• 检查、清洁空气过滤器<br>• 更换部件 |
|  | 冷却水过少 | 引擎在工作时，机车水箱冷却水位过低，图标指示灯就会变成红色 ※，提示引擎有过热的可能 | • 检查、补充机车水箱中的冷却水 |
|  | 机油过热 | 引擎工作时，机油油温过高，则图标指示灯就会变成红色 ※，提示引擎、油压机器会有损坏的可能 | • 降低低速空转速度<br>• 检查机油制冷机、机车水箱、后置冷却器、空调装置是否堵塞 |

续前表

| 部件图标 | 警示项 | 详情 | 检查 / 整备 |
| --- | --- | --- | --- |
| | 交换机、动力传动器油温过热 | 引擎工作时变矩器油温过热，监控器指示灯如果变成红色，则警示灯就会闪烁提醒 | • 关闭引擎<br>• 检查变矩器 |
| | 制动器油压低下 | 引擎工作时，若制动器油压过低，则警示灯就会闪烁，警报器也会发声提示 | • 关闭引擎<br>• 检查制动器油压回路 |
| | 变速器过滤器堵塞 | 引擎工作时，变速器过滤器堵塞，则指示灯会变成红色 | • 关闭引擎<br>• 检查变速器过滤器 |
| | 燃料过滤器水位 | 液体分离器内的水量已满时，指示灯就会变成红色 | • 关闭引擎<br>• 检查并放掉过多的液体 |

此外，数据科学也能在 B2B 和 B2C 产业中发挥作用。例如，最能体现“匠人精神”的日本酒的淘米、浸渍、培养曲霉菌、发酵醪糟等酿造过程也可以用数据科学来进行管控。

旭酒造是日本一家拥有 60 多年历史的酒厂。在日美会谈时，安倍首相送给时任美国总统奥巴马的那瓶“獭祭”酒就是该厂的佳酿。但它并不是由常见的杜氏和藏人酿造的。旭酒造通过分析 10 多年的造酒数据，把淘米后的水分吸收比和下料时的温度数值精确到了小数点后几位，用数据科学提高了管理标准。就连历史悠久的酒厂都在用数据科学酿造酒，请问还有哪个领域会与技术革新无关？

2012 年的美国总统大选也是一例。曾为棒球记分员的统计学家奈特 · 西尔弗（Nate Silver）对全美 50 个州的投票结果做出了近乎完美的预测。由于这一结果比知名政治学家和社会学者的预测还要准确，所以引起了一时的轰动（西尔弗在预测 2016 年大选时虽然猜错了当选者，但他算出的特朗普的获胜率要比其他媒体算出的准确度高)。

在行政方面，美国各地方政府通过随机抽样、回归分析得出的性价比量化对解决就业问题起到了显著的作用。墨西哥政府也用同样的方法解决了扶贫问题。它们结合数据评定现金补贴、监控贫困户儿童在出生前的诊疗和营养状况，并根据评定结果分析哪些措施对改善教育、健康状况更有帮助。

大型超市乐购(Tesco)旗下有一个名为邓韩贝(DUNNHUMBY)的消费者数据科学公司。该公司为了抢占日本市场，获得了“通过把顾客购物筐中的商品数据上传服务器，向超市内的顾客有针对性地发送广告”的权力。如图1-1所示，该公司以前就有根据收集上来的数据订货、为商品定价和做DM处理的工作经验，所以它们想到了“在顾客购物时向其发送广告”的营销方法。

此外，该公司还针对下列问题，通过数据整理得出了答案：

- 什么样的顾客有较高的购买力？怎样提高他们的购物欲？
- 哪些顾客会使用电子优惠券？
- 怎样对症下药向顾客做产品宣传？
- 目前店铺的商品和价位适合哪些顾客？哪些顾客对店铺现状不满意？

可见，即便是与谷歌、亚马逊等不构成竞争关系的行业也可以用数据科学来提高业绩。也就是说，企业间的数据科学应用战已经打响了。

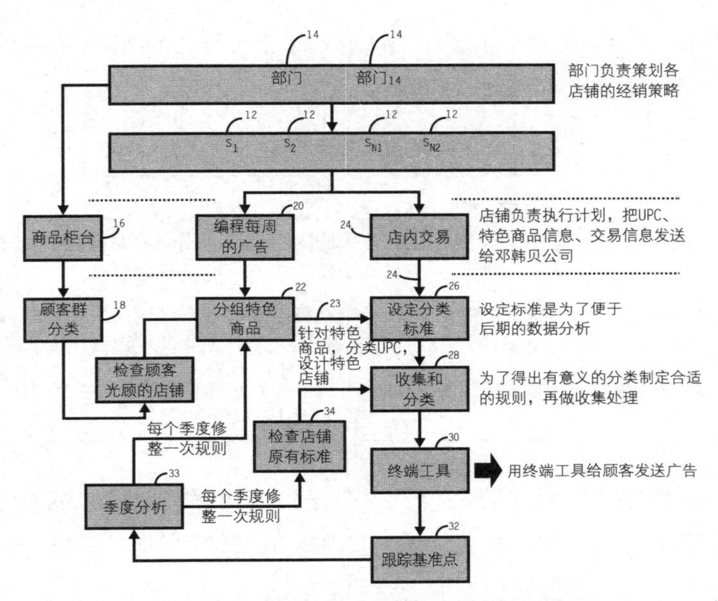


**图 1-1　邓韩贝公司在超市内推送广告的模式**

## 数据科学将成为人们的必备技能

上述案例让我们对机器脑的多样性有了更清晰的了解，并大开眼界。此外，在疾病诊断、国际诉讼、艺人发掘等方面，数据科学也越来越有用武之地。机器脑能像人脑一样思考，为音乐、艺术等领域的发展做出贡献（参见表 1-3）。

在这样的大环境下，我们为了适应社会就必须加强对数据科学的学习。例如，怎样与只懂工程学的团队成员打交道，怎样为应用数据科学的公司做贡献，哪些技能和工作经验能够提升自己的市场价值——这些问题对我们来说越来越重要了。但公司不会告诉我们应该去做些什么，所以我们必须自行理解机器脑的本质，拥有独立思考和判断的能力。

表 1－3　　机器脑的其他功能

| 企业 | 相关领域 | 详情 |
| --- | --- | --- |
| Anthem 保险公司 | 疾病诊断 | 用算法为医生提供诊断用的辅助材料。算法得出的结果比人工判断的正确性更高 |
| FRONTEO 公司 | 诉讼中的证据评判 | 机器脑能在短时间内对众多司法工作者需要耗费很长的时间才能处理完的证据做出评判 |
| 蓝调之音唱片公司 | 发掘音乐艺人 | 机器脑可以从无数试听带的乐曲中发现有可能“大火”的艺人 |

想通过数据科学的复杂公式和程序去理解机器脑的本质也许并不现实。但“学习相关知识对工作会有帮助”“学一些能与数据科学家交流的基础知识”的想法是可以让我们提高业务水平的。

下一节我将介绍机器脑的功能、构造和应用。

## 机器脑的三板斧

阿瑟·克拉克（Arthur clarke）说：“高科技就像魔术一样神奇。”机器脑既能让汽车自行判断路况并行驶，又能发现专业音乐人都发现不了的音乐人才，这让它看起来真的很神奇。

不过，神奇的机器脑的绝招也只有可视化、分类、预测这三板斧而已。那么，这些技能具体是怎么回事呢？

- 可视化。把人们通过感官获取的信息以数据的形式输出的功能（见第 2 章）狭义的可视化处理是指机器学习算法。虽然这种技能在现在还不多见，但它却是机器脑功能在进化过程中把理想变为现实的基础。

- 分类。区分不同的数据，并对它进行分类整理的功能（见第3章）。
- 预测。根据原有数据预测未来发展方向的功能（见第4章）。

后面我将会向你详细介绍实现这三项功能的具体算法和注意事项。在这里，我仅简述它们的概要。严谨地说，并不是工作中的每一个步骤都会用到机器学习法。为了加深你对机器脑功能的理解，下文会列举一些具有代表性的案例。

## 可视化

本田技研工业公司和埼玉县的交通部门合作开发的“急刹车地图”是一个极佳的可视化功能案例。图1-2标识出了从汽车导航数据中总结出来的急刹车的多发区域。只读取表1-4中的数字也许很难发现问题，但如果将之标示在地图上，人们就会知道哪里是急刹车的多发区域，应该在哪里增设警示牌。把标识写在地图上的方式非常便于理解。虽然图表并不能反映出它对交通改善的贡献，但在不久的将来，这种形式一定能让我们看到在增设警示牌后，交通事故发生率明显降低的趋势（见第2章）。

**表1-4　本田技研工业公司和埼玉县交通部门合作收集的急刹车时的数据记录（可视化处理前）**

| 经度 | 纬度 | 方位 | 减速度 | 刹车时间 |
|---|---|---|---|---|
| 139.791919 | 35.848056 | 15 | 0.39 | 2008/10/01 7:16 |
| 139.829072 | 35.771850 | 8 | 0.35 | 2008/10/01 7:22 |
| 139.751103 | 35.775389 | 3 | 0.35 | 2008/10/01 8:23 |
| 139.509217 | 35.766717 | 14 | 0.35 | 2008/10/01 8:23 |

续前表

| 经度 | 纬度 | 方位 | 减速度 | 刹车时间 |
|---|---|---|---|---|
| 139.585658 | 35.788028 | 5 | 0.38 | 2008/10/01 8:33 |
| 139.594033 | 35.7955375 | 7 | 0.35 | 2008/10/01 9:00 |
| 139.649906 | 35.832475 | 15 | 0.35 | 2008/10/01 9:27 |
| 139.597803 | 35.772211 | 4 | 0.36 | 2008/10/01 10:06 |
| 139.623228 | 35.768886 | 8 | 0.37 | 2008/10/01 10:16 |
| 139.516044 | 35.750731 | 2 | 0.35 | 2008/10/01 11:00 |
| 139.819758 | 35.795061 | 4 | 0.37 | 2008/10/01 11:03 |
| 139.680675 | 35.763903 | 15 | 0.35 | 2008/10/01 11:29 |

资料来源：埼玉县县土整备部（路政研讨会 2011 年 5 月）。

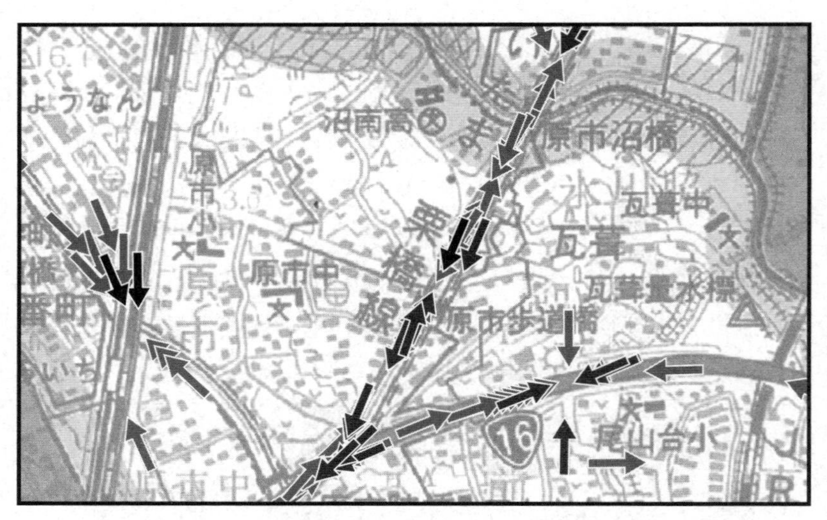


**图 1-2　经可视化处理后地图上用网络导航标出的刹车高发区**

资料来源：埼玉县县土整备部（路政研讨会 2011 年 5 月）。

再比如，压力扫描公司开发出的压力扫描 App 能够以可视化的方式展现人们的心率变异性（Heart rate variability，HRV），如

图 1-3 所示。虽然人们的精神状态是看不见的，但可用 HRV4 解析法来观察交感神经和副交感神经哪个更兴奋。交感神经越兴奋，证明压力越大。

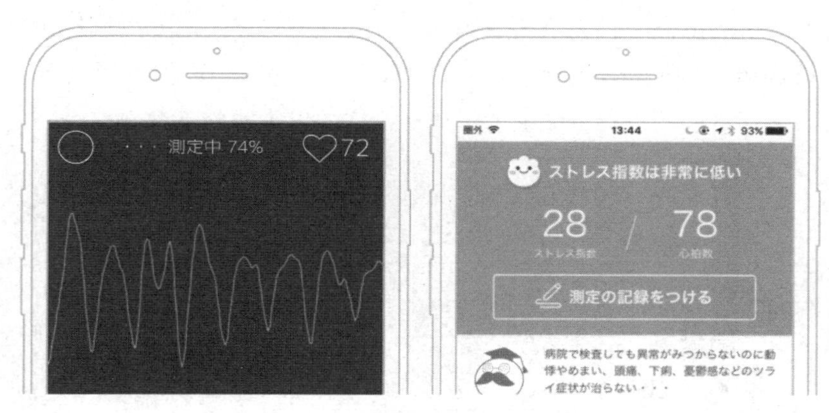


**图 1-3 “压力扫描”App 界面**

在人类与疾病的较量中，我们总是把外伤和感染视为对健康的最大威胁。近年，世界卫生组织（WHO）在对 2030 年人类健康状态的预测中指出：抑郁才是诱发疾病增多、导致人们病痛的首要原因。对病原菌的培养和用显微镜观察等可视化技术的发明，大大地提高了人类与疾病斗争的能力。HRV 解析就是实现精神压力可视化的具体方法。

## 分类

分类最典型的例子就是拦截骚扰信息，即通过定义、比较骚扰信息和非骚扰信息的特征，在遇到含有“特惠”“免费”“邂逅”等字样的信息时，机器脑就会从“安全级别低的网站发来的链接”“指定邮箱地址发送的信息”等中分辨出该信息是否为骚扰信息。而分类作业都是自动完成的。在将骚扰信息和一般信息进行对比后，人们就会对骚扰信息进行标注。机器脑也会根据这个标准对后续信息做出判断（详见图 1-4）。

过去的骚扰信息文件夹都是人工编写的。人们是在锁定某些单词后去判断信息性质的。如果你把“乳房”一词拉进黑名单，那么“乳癌”也有可能被屏蔽掉。这样的设置费力不讨好。

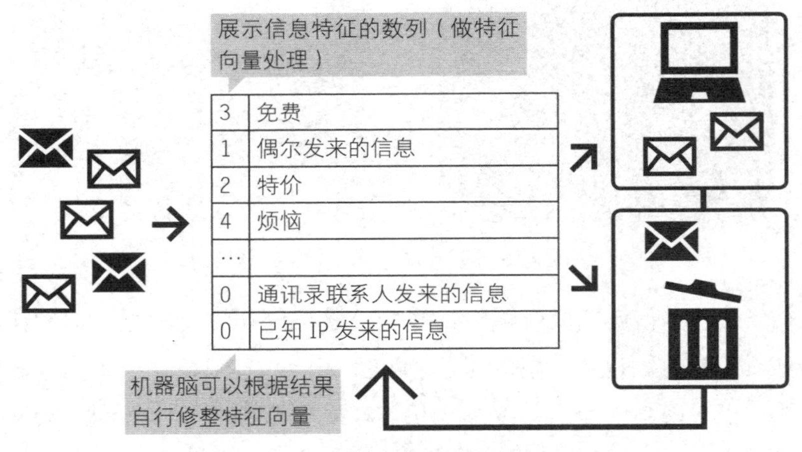


**图 1-4　机器脑学习分类骚扰信息的过程**

## 预测

农作物的收割也可以通过机器脑来预测。2013 年，斥资收购孟山都公司的天气意外保险公司（The Climate Corporation）可根据日照、气温、湿度、风向等气象信息来预测天气变化，并在水、肥、农药的施放时机等方面为农民提供相应的建议。这样的预测可以预防由传染病引起的农作物减产问题，为农作物施加最适量的肥料，以促进其茁壮成长。

天气意外保险公司宣称，通过预测，一英亩[①]的土地投资 15 美元能增加 100 美元的利润。此外，这家公司还销售有关天气的保险产品。当然，天有不测风云，机器脑的预测结果也不见得万无一失。机器脑可以根据实际结果做出反省与调整，使预测变得更加精确，从而使农作物的科学管理成为可能。（见图 1-5）

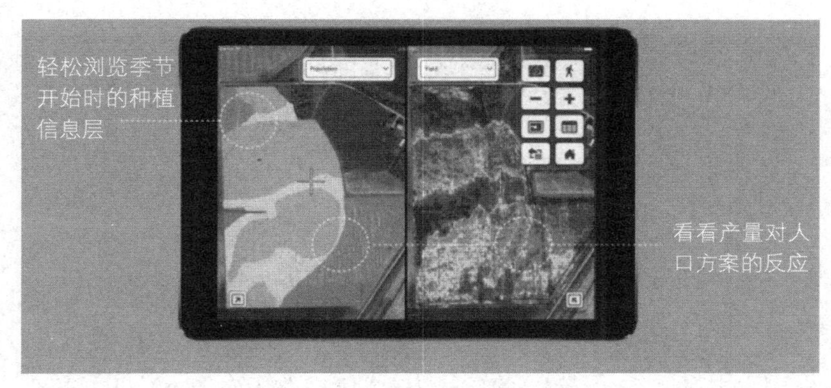


**图 1-5　天气意外保险公司做的天气预测**

## 三板斧的威力

上述三项功能组合在一起，就能创造出更为高精尖的产品。比如，谷歌公司的无人驾驶汽车就是其中一例（见图 1-6）。

这款汽车无需司机也能自动驾驶。2012 年，该汽车在美国多地的公路上以零事故的成绩行驶了 50 万千米。当然，在过程中也出现过几次事故，但那都是在有人驾驶时发生的事了。

① 1 英亩≈ 4 046.856 4 平方米。——译者注

到2013年底，美国内华达州、佛罗里达州、加利福尼亚州、密歇根州四个州通过了允许无人驾驶汽车上路行驶的交通法。2017年，这款汽车的累计行程超过了300万千米。

司机在汽车里睡觉，汽车也能把其送到目的地。这款新时代的汽车就是用机器脑的三个功能制造出来的。

图1-6 谷歌自动驾驶汽车

先来看一下汽车的可视化功能。汽车上有很多传感器，最重要的一个是汽车顶棚上的雷达，它是各处传感器的指挥中枢。雷达能检测到前方120米处的车辆情况和道路两旁的绿植。安置在汽车前后、两旁的传感器和前置摄像头还能观察沿途环境。如此一来，无须人类插手，各处传感器只需把收集上来的信息交给自适应巡航系统（Adaptive Cruise System）处理即可。

接下来，自适应巡航系统会对各种信息进行分类处理，以便保证行车安全。比如，在一定的距离内运动的较大物体被划为“需要注意的对象”，而那些静止的或较小的物体则被划为“不必特别关注的对象”。像周边的汽车型号和颜色之类的信息则可以忽略不计。

但是，我们在编程时不可能把每一种情况都考虑到。难道那些停在路口等红灯的汽车也可被视为可忽略不计的对象吗？分类只适用于一般情况，特殊情况则需要通过在马路上的行驶测试来提高汽车对路况的“判断力”。例如，静止的汽车在启动时需要注意什么。人们是不可能对这样的注意事项逐条做出指示的，但汽车在行驶了一定的里程数后，就会不断积累丰富的驾驶经验。

预测是指在没有编程指导的前提下，汽车对路况判断做出的精彩发挥。像“前方不远处有只小动物。如果后车以某种速度跟进的话，就应该在考虑加速度的同时做出减速行驶”。这样的随机事件是无法预知的，人们也没法事先给汽车编程。

因此，较长的行程和安全驾驶经验的积累是汽车自行编程的条件与保证。

现在，谷歌公司正在研发的项目是让汽车在公路上积累经验之前，先在加利福尼亚州的公路模拟装置上进行自适应巡航系统实验。毕竟，在真正的公路上学习要花费很长的时间，并且会受到外界物理条件的制约的。但在模拟装置上进行操作的话，汽车很快就能获得丰富的驾驶经验。而且，这种实验环境还有一个优点，那就是能做临界点验证。它能让汽车记住做某种操作就会发生危险。仅 2016 年一年，谷歌公司就在虚拟环境中完成了 16 亿千米的行驶实验（见图 1-7）。

**图 1-7　谷歌无人驾驶汽车顶部的雷达观测仪观测到的行车环境**

至此，你应该明白机器脑的三板斧是如何配合的了吧？下一章将为你讲述这些功能的实际应用情况。

# 第2章
# 机器脑的第一板斧：可视化功能

■ 案例1　本田技研工业公司：把汽车变成传感器的网络导航
■ 案例2　小松制作所：康查士系统的革新
■ 案例3　象印保温杯：i-POT
■ 案例4　日立制作所：工作状态显微镜

本章讲述的是机器脑的可视化功能。由于它是第3章和第4章的应用基础，所以意义重大。如果不能实现可视化，那么机器脑的分类和预测功能也就无从谈起了。

即便有些机器脑没有分类和预测功能，可视化功能也是必不可少的。例如，如果没有可视化传感器，工厂的生产工程管理者就无从得知生产状况。再比如，手机电池的可用电量、体重器、温度计、标尺等工具也是可视化功能的应用。

出于下列原因，我对可视化功能做了详细讲解：原因一，它是分类和预测等功能的基础；原因二，我想向你展示可视化功能有别于常见形式的独特魅力。

例如，我们在做木匠活时会感到危险；和志趣相投的朋友在一起时会感到愉悦；去上班时会感到烦闷、毫无干劲儿……不同的环境会让人产生不同的心情。可你能想象出上述情绪的可视化表现会是什么样的吗?

情绪和感受是不容易以物理形式呈示在传感器的屏幕上的，但它们可以在对象物体上以某种形式表现出来。此时的物理量就是它们的可视化表现。而且，算法能把握更细微的征兆，并能从庞大的信息中找到相应的线索。

上述内容虽然并不是本章的重点，但正如我们可以通过Twitter和维基百科上的发帖、评论来了解大家对某家企业的看法一样，企业形象和网友们的想法都能以可视化的形式呈现出来。再比如，证券商可以提供一种在企业的股价变动之前，就能展现企业形象的服务。如果机器学习不能通过表情符号、情感表现、文章态度判断出人们对于某企业的看法，那就没法提供这种服务。网络上不存在预先就能判断所有语言的程序，只有通过不断的积累与学习，才能提升机器脑判断的准确度。

如果你也有想要可视化的东西，那么本章将为你实现理想提供参考意见。

## 案例 1　本田技研工业公司：把汽车变成传感器的网络导航

### 为什么要把汽车变为传感器

前文提到的本田技研工业公司（以下简称本田公司）的网络导航技术是该公司于 2003 年开发的数据服务。载有网络导航的汽车可以收集、积累各种信息。这些信息会以提示避开交通拥堵的线路、向驾驶员实时播报路况等形式在汽车导航的屏幕上显现出来。

普通汽车导航也会通过道路交通信息通报系统（Vehicle Information and Communication System，VICS）得知交通路况和道路施工信息。如果在汽车里安装网络导航，汽车就会变成收集沿途信息的传感器。2013 年 6 月，该导航系统存储的行程数约为 56 亿千米，相当于地球周长的 143 倍。

既然有 VICS 了，为什么还要让汽车以传感器的形式去收集路况信息呢？后者最大的优点就是能将信息做细化处理。VICS 只能了解主干道、高速公路的路况，而把汽车变成传感器，就能了解更详细的沿途信息。另外，它不仅可以把握个体汽车所处的位置、时间和行驶速度，还可以得知每条车道上的交通状况，并通过测算平均行驶时间，推断出汽车到达目的地的时间。

与只能从宏观的角度把握车流量的导航技术相比，能够从微观角度观察车流量的网络导航，可以为路政部门做出更有价值的贡献。例如，当装有网络导航的汽车的驾驶员踩下刹车踏板，服务器就能获知：（1）开始减速的地点；（2）车辆的行进方向；（3）表示急刹强度的减速度；（4）刹车的具体时间。

这些信息可以让路政部门及时掌握急刹车多发区域的位置。2007年，日本埼玉县路政部门与本田公司合作，共同收集测定了危险路段的信息。它们在地图上设定了以50米为单位的四方网格，并把在同一方位急刹车超过五次的地点视为“急刹车多发地带”。随后，它们还会去现场进行实地考察。考察结果如下：

- 容易让车辆加速行驶的道路特点（多车道公路、长距离直线型公路）；
- 视线差的转角（弯道路口）；
- 立交桥下的车辆汇合处、路口；
- 驾驶员视线被绿植遮挡的十字路口；
- 构造复杂的路口（立交桥、五岔路）。

如果没有这些数据，人们在解决交通事故时只能亡羊补牢地谈对策，兴师动众地搞人海战术。高成本和长时间的调查会给人们的出行带来诸多不便。

以上就是急刹车的可视化过程和通过实地考察解决问题的作业流程。2007—2011年，高危地带的人身伤亡事故发生率比从前减少了2%。这就是网络导航做出的成绩，如图2-1所示。

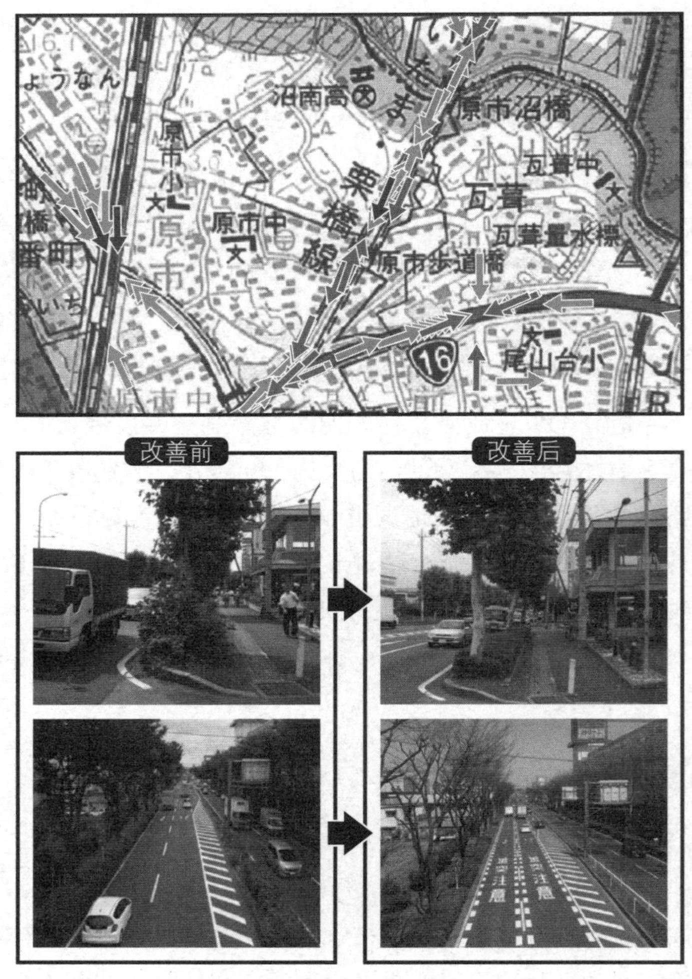


上：通过修剪隔离带绿植，改善驾驶员在左转弯时的视野范围
下：设置减速路面标示

**图 2-1　用网络导航实现的多地急刹车可视化与改善措施**

过去那种罗列数值的方式很难让人看出问题来。易于人们理解的形式被称为“数据的可视化”或“可视化数据”。数据的可

视化方法有很多种，本节是把汽车收集到的数据标示在地图上的可视化案例。

此外，汽车导航还可以通过语音提示为驾驶员提供有效的信息。可见，本田公司在处理数据时共分三个步骤：（1）分析收集到的数据；（2）把分析结果发送给每辆汽车；（3）以语音提示的形式提醒驾驶员注意事项。虽然后两个步骤与数据科学无关，但数据应用与结果输出也是数据处理作业的一部分。

例如，在整理为自治体提供服务的刹车数据时，技术人员需要计算出各路口的急刹车次数，再把这些数据发送给汽车导航。这样导航就能提示驾驶员“该路口为急刹车多发地带，请谨慎驾驶”。如果把急刹车次数多的数据以红点的标识绘制在地图上，那么数据在地图上就可实现可视化应用。可见，同一组数据也可以有多种用途。

## 重要的数据筛选标准

通过思考数据的可视化功能，你获得的启示是什么？

独具慧眼的服务开发者可能会思考“怎样用新数据把人们希望解决的问题进行可视化处理”。假如领导下达了“去调查哪些路口比较危险”的指示，通常人们能想到的是去调查交通事故的记录。因为该路口曾经发生过交通事故，所以它肯定是“危险的路口”。我们也可以去关注车载加速度传感器，因为驾驶员在遇到紧急情况时一定会踩刹车，所以只要掌握那些“有可能发生事故”的刹车地点的经纬度、方位和减速度数据，就能做出判断了。这样，人们就不必去翻查以往的交通事故档案了。

在处理数据之前，筛选数据也是非常重要的。接下来将为你介绍小松制作所、象印公司、日立制作所等企业的数据筛选案例。注意，如果工作没有好方法，是不会得到好结果的。

如今，人们能够收集并利用的数据越来越多了。市面上可以买到各种各样的新数据，Twitter 等私营企业也在出售自有数据。传感器的价钱将越来越低，装置的体积会越来越小，电池性能也越来越好，适用的范围越来越大。这些现象足以证明数据已经改变了我们的生活环境。

因此，我们应该思考下列问题：

- 现在的数据已经够用了吗？
- 数据的数量与精准度有无问题？
- 有没有更有效的数据可用？
- 能不能制作出更高效的数据资源？
- 能否用其他数据做新的尝试。

可以把项目的起始时间作为团队集体反思回顾的里程碑，这样就能看出项目的效果。这种安排很容易被人们忽视，但实际上，它应该是首席数据官安排工作时的一项重要参考。

## 案例 2　小松制作所：康查士系统的革新

### 小松制作所在机车防盗问题上的革新

本节介绍小松制作所（以下简称小松公司）研发的康查士系统。康查士系统通过在重型设备上安装传感器和通信芯片，让人们了解机车位置和运行状况。康查士系统的设计始于 1998 年。

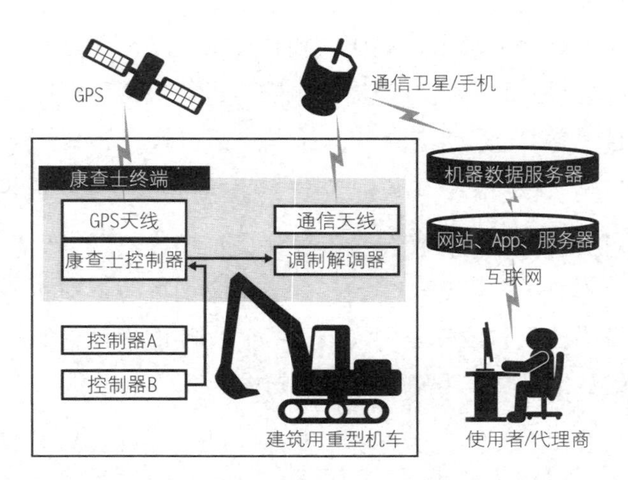


**图 2-2　康查士系统装置：用传感器、通信终端实现的机车数据传输**

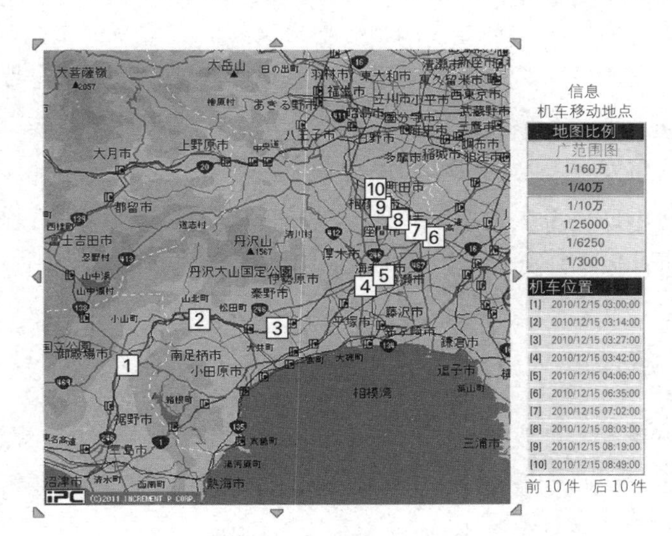


**图 2-3　用康查士系统追踪到的机车位置**

众所周知，建筑用重型机车是非常贵重的商品，其价格在数百万日元到上亿日元不等。它不是满足个人需求的消费品，而是具有商业价值的生产资料。因此，机车一旦破损失灵，企业不仅需要支付昂贵的修理费，还要面临营业损失、工期延误等诸多经济损失。此外，机车还有被盗的风险（虽然机器体型巨大，但在过去也经常被盗）。如能降低上述风险和损失，那么机车在售价方面就会有很大的竞争优势。

针对上述问题，按照传统的做法，小松公司可以从修正防损坏设计、把机车造得更结实耐用、为机车加上防盗锁和护栏等硬件设施方面去进行改良。但它们放弃了保守的传统方案，而采用更先进的数据科学技术来抢占市场先机。

就防盗技术而言，如果机车里安装 GPS 就很容易得知机车的所在位置。即便机车被盗，人们也能很快找到它。此外，设计师还为机车增设了能够远程控制、禁止发动机启动的功能。我们可以从偷窃者的角度去考虑问题，就算他们能查出适合机车停放的停车场、准备好参与盗窃的车辆和人员，但由于藏匿赃物的场地很容易被发现、不能发动的机车会消耗大量的劳力且增加运输风险，所以偷窃机车就得不偿失了。在导入康查士系统后，机车的被盗事件大幅降低了。

## 用连锁形式扩大数据的应用范围

一旦人们对数据的应用技术形成了认知，后期就会在探索其他应用方面产生连锁反应。于是，数据的应用水平就会在短期内得到突飞猛进的发展。

就拿小松机车来说，人们可以通过数据和 GPS 技术得知机车位置并实现自动运行，从而实现工作情况的可视化与高效。可见，机车的性能已经在很多方面得到了大幅提升。如果机车驾驶员掌握了“机车的发动机工作了100个小时，但机车实际上只工作了60个小时”的情况，就可以做出“节能减排”的指令来改变使用现状。小松制作所还从众多故障数据中总结经验，未雨绸缪地向用户发送潜在操作风险的提示，督促用户及时检查部件。

## 由上至下的改革

安崎晓社长大力推行的“将信息当作武器”的方针，使公司在多个方面都发生了翻天覆地的巨变。实际上，这样强大的统帅能力是十分罕见的。

现在，在车内安装电子设备是很正常的事，但在安崎先生担任社长的1995年，手机的普及率还不足10%。在那样的环境下，如果没有强大的统率能力，对像IT那种短期内会影响企业效益且不确定性较高的技术进行投资根本不可能。因此，统筹能力差的同行们的改革速度就要比小松公司迟缓许多。于是，小松公司凭借技术优势，在竞争中立于不败之地。

在对数据科学项目进行投资时，最好也能得到公司大领导的支持。不过，公司领导不批准也不见得项目的开发就毫无希望。基层员工也可以在其负责的小范围内做实证实验和限定导入。实验结果可以拓展数据技术的应用领域（拓展顺序可以为：位置信息、作业信息、保养信息）。阶段性的成果有利于推进项目的新进展。

# 案例3 象印保温杯：i-POT

## 象印的优势

日本在销售 iPod 之前，还曾销售过 i-POT。i-POT 是象印公司研制的配有通信功能的电热壶。在外工作的儿女都会很担心家里父母的健康状况。如果父母用电热壶烧水，电热壶就会把“烧水”“切断电源”等信息以邮件的形式发送给子女。

电热壶是大多数老年人必备的家用电器，使用电热壶不会给老人增加改变生活习惯的负担。水壶的设计初衷就是把看不见的“父母生活状态”转变成看得见的“电热壶使用步骤”。可见，可视化操作的关键在于，选对能够将事物实现可视化的正确数据。

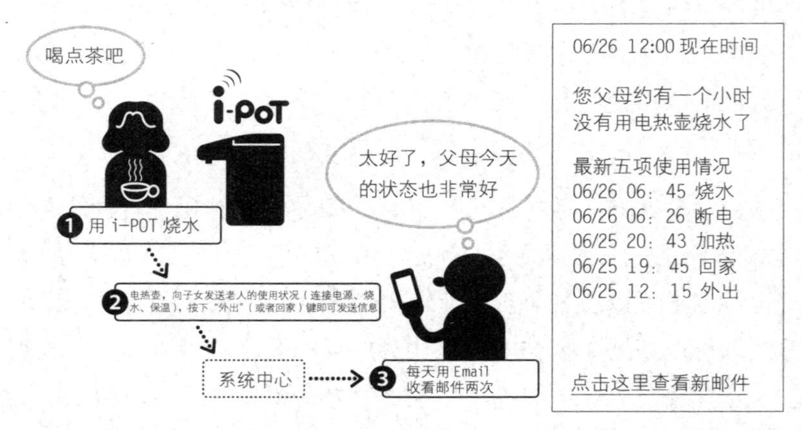


**图 2-4 把看不见的“父母生活状态”转变成看得见的“电热壶使用步骤”**

资料来源：印象保温杯官网。

性价比是可视化项目不得不讨论的重大议题。可视化是把传感器收集到的数据以浅显易懂的形式整理出来，辅助人们做出判断和决定的功能。不过，这并不意味着数据做得越精细，结果就越令人满意。在项目的实际应用中，我们只需让人掌握最低限度的信息就足够了。就拿 i-POT 来说，提高获取数据的频度，以及获取水量、水温等信息也是可以实现的。但这些数据对子女想要了解父母的健康情况没有什么用。

再比如，急刹车数据也含有刹车时间、车型、总行程等信息，但这些信息对确定事故发生地点没有价值。无论是轻型汽车还是卡车，都会发生交通事故。只要了解具体的事发地点，并在那里竖立“并线注意”的警示牌就可以了。康查士系统也有很多功能，但在系统开发之初，人们只想知道机车是否被盗。

当项目的性价比被质疑时，我们就要反省项目的目的性是否足够明确。你要明确自己的主张，并了解能让主张成立的最基本条件是什么。否则，漫无目的地制订计划是不会成功的。

假设其他同事让你把数据以易懂的形式呈现出来，而你又不知该表现什么、该表现到哪种程度时，请及时重温开发项目的目的。逐渐增加要素有助于你做出最终的决定。工作中只要抓住了主要矛盾，就不必再画蛇添足了。

比起一味地增加数据量，数据的处理方法更有助于你做判断和决策。当涉及数据处理方法的选择时，你有必要和相关部门的人进行磋商。多与其他人沟通将有助于你把握决策意图。

## 案例 4　日立制作所：工作状态显微镜

### 如何呈现员工们的交流状态

虽然企业组织被称为生物体，但人们并不知道这个生物体的生理特征，不知道它健康与否，不知道它是否出了问题，出了问题又该如何解决。因此，日立制作所开发出了能够展现员工交流状态的工作状态显微镜。

工作状态显微镜是一种观察组织状况的工具。该项目曾获得过好创意大奖，想必你对它有所耳闻。它无疑是一个将复杂的数据化繁为简的极佳案例。

开发该项目是为了把团队成员的交流状态以可视化的形式表现出来。如果团队合作不默契，人们多会认为是“交流不顺畅造成的”。但究竟是如何“不顺畅”，除了主观臆断，就没有其他的判断方法了吗？

有人认为，那些在业余时间也喜欢和其他部门的员工交流的人是“能够打破业务的壁垒，积极与他人交流的人”，由这样的人组成的团队的工作效率会很高。否则，团队的工作效率就会很低下。那么，业余时间的交流对工作效率到底有没有影响呢？据我所知，目前二者之间还没有明确的关联。

日立制作所的探索模式是：把个人的交流情况通过传感器以数字化的形式表现出来，即在员工的工作证上加入加速度传感器、红外线传感器、声音传感器等设备（参见图 2-5），用这些设备测量并获得数据。员工平时也会戴工作证上班，这样的设计不会给他们增加额外的负担。

通过采访使用工作状态显微镜的企业，我发现它和出入办公楼的安全卡没什么区别，佩戴它去会议室也不会显得十分扎眼。

构造简单的传感器并没有什么技术含量。红外线传感器能感知到距离在 2~3 米、左右角度为 120° 以内的对象。加速度传感器能够测知对话双方的细微动作，了解谁是说话人、谁是倾听者、谁在主持会议、会议的进程是否顺利等信息。

**图 2-5　工作状态显微镜中的传感器**

资料来源：日立制作所的工作状态显微镜说明资料。

那么，这些信息又能反映出什么问题呢？开发它的初衷是想知道团队成员的交流是否顺畅。

图 2-6 以模型的形式表现了团队内部的信息交流状况。箭头

方向指示着交流的频度和谁是说话人（即对话的主导者）。如果你是领导，你对这些交流图有何感想？

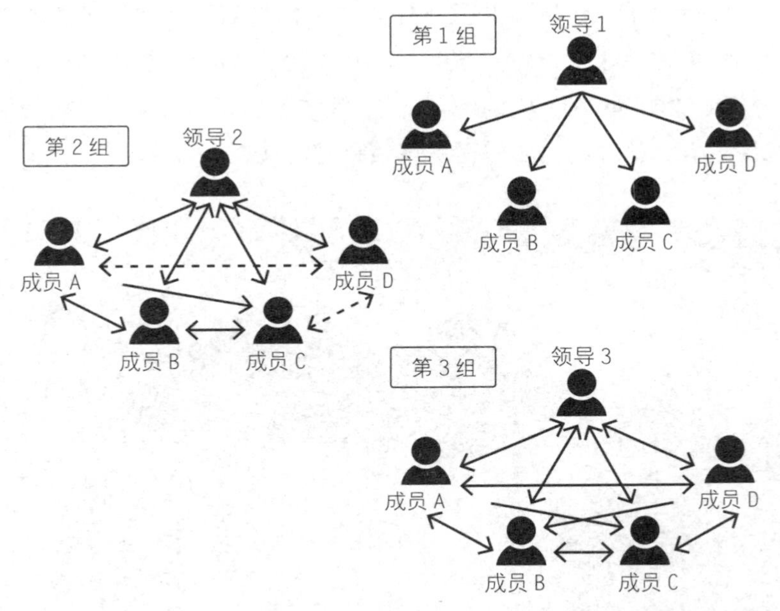


**图 2-6　员工交流联动与频率的可视化图**

第 1 组只有领导在讲话，成员（带着传感器的成员）之间没有交流。领导的发言是单向的。

第 2 组成员之间存在着交流互动。但从交流的频度上看，成员 D 不怎么发言。当然，成员 D 有保持沉默的权力。如果谈话内容与成员 D 的工作关系不大，或作业内容出现了重复，那就应该反省团队的工作效率和交流情况了。

第 3 组成员的交流互动最为活跃。成员们在开会时不光会听领导发言，还会充分讨论领导的提议。

很多人都认为第3组是最佳团队吧？可从团队研究的观点来看，在对工作有明确要求的职场上，第1组上传下达式的交流方式才是效率最高的。

再比如，日立制作所工作团队的实际工作效率和交流图验证了电话销售部的工作效率。日立制作所比较了两个由50~80人组成的电话销售工作组，想通过调查了解影响团队绩效的原因是什么（统计电话销售部门能在一天内售出多少商品），并从多个角度进行了分析。

图2-7是部分调查结果。在两个接线组中，B组的订单率比A组高，这是因为B组在休息时的活动量比A组大（身体活动的幅度大）。但休息时间的活动量与绩效是否挂钩还有待于进一步检验。为此，日立制作所又检测了A组在休息时没增加运动量和增加运动量后的业绩变化，结果显示，运动量增加的一周的绩效比运动量没增加的一周的订单率高出了13%。

## 围绕目的进行严谨有效的分析

考察运动量增加的电话销售员的业绩是否提高了的方法有两种：一是让同龄测试者同时休息；二是让大家起身活动。

虽然结果表明休息且增加运动量的方式更有效，但它和订单率的提升究竟有什么关系还不清楚。是同龄组员一起休息就能放松身心，使职场生活变得更加有意思，还是交流销售经验让大家更能获得成就感？工作的数据分析不会像学术分析那么严谨，只要得出正确的结论就行了。因此，搞研究时也不用像写学术论文那样要详细阐述（得出的结论能否站得住脚，要靠长期实践才能检验出来）。

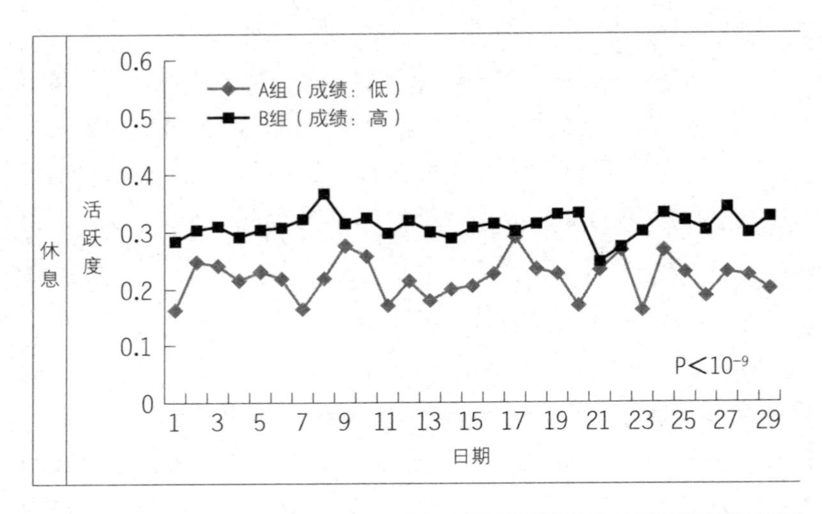


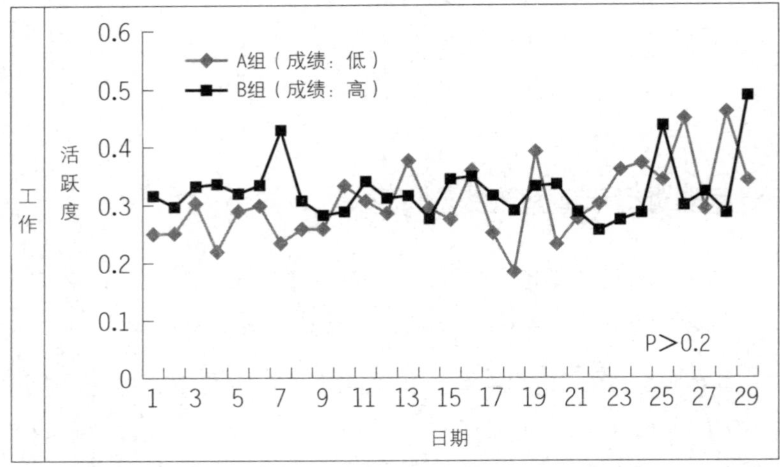


**图 2-7　订单率比 A 组高的 B 组，在休息时的活动量也比 A 组大**

日立制作所里也不乏治学严谨的数据分析工作者。虽然严谨的治学精神是值得肯定的，但过于追求学术上的建树，必然会影响前文提到的性价比问题。因此，研究此类问题最重要的是方法。为了达成目的，人们只要具备基本的数据量、精准度、种类等必要条件就可以进行分析了。

人们在分析数据时，总喜欢关注数据的整理、统计软件包、使用的语言等处理手段，但手段并不是目的。这就像做菜的初衷是为了用美味的菜肴取悦食客，但人们在过程中反而会对厨师的刀工和菜刀的名贵程度更感兴趣。

我不是说方法不重要，而是在提醒你要不忘初心，方得始终。

工作状态显微镜就很好地把握住了目的与方法的平衡点。日立制作所拥有很多世界级的先进技术。这次实验用到的技术并不先进，只是麦克、红外线传感器、加速度传感器等已有的技术。用传感器采集到的数据也不是实时传输的，而是在给工作状态显微镜充电时，才能通过插在槽形支座上传送给服务器。分析数据的模型也并不是高难的，但它依然求证出了结果。这说明在工作中能否做出成绩并不取决于技术和算法。

# 第3章
# 机器脑的第二板斧：分类功能

- 案例5　PayPal：防御黑客的攻击
- 案例6　富士胶片 / Anthem 保险公司：分类癌症光片
- 案例7　博彩业：人脸识别技术

第 2 章为你介绍的是机器脑的可视化功能，本章将介绍它的分类功能。分类是应用层面的技术，是指让机器脑从庞大的数据资源中检索到符合条件的数据。

第 1 章提到的骚扰信息分类就是常见的案例。例如，智能手机现在也具备了语音识别功能。由于制造商无法预知使用者的发音、音量、音色，所以不可能事先对其进行编程。使用者输入的单词、作文用的程序也只能交由机器脑去自动分类处理。

工厂可以利用该功能检测异物。例如，丘比公司旗下工厂的原料检查装置就用机器学习技术实现了自动质检。该公司拥有 1 500 多家原料供应商。过去的质检作业都是由工人师傅手工执行的，后来公司改用谷歌公司用开放式资源机器学习机制研发的 TensorFlow 进行质检，即让机器对异物和次品进行第一次检验，再用人工对剩余原料进行二次核查。①

本章列举了分类功能的应用实例和具体的实现方法。你也可以结合自己公司的实际情况，想一想公司里有哪些可做分类处理的作业，怎样用机器脑去完成这些作业。学而思之，会让你对本章内容有更深刻的理解。

---

① 截至 2017 年 6 月，并非所有的产品都能检出异物和次品，公司只是在用部分产品验证该功能的效果。与以往根据收集到的异物、次品特征编程不同的是，机器学习必须通过学习才能发挥更大的功效。因此，无论将来公司是否有采用算法检品分类的计划，都要先在便于管理的范围内进行实验，观察成功的概率。人们把验证部分项目可实现性的评估作业称为概念实证（proof of concept, POC）。

## 案例 5　PayPal：防御黑客的攻击

PayPal 公司是世界上最大的提供在线支付服务的企业。我们在线购物时可以用信用卡结算，但用 PayPal 结算的话，就不用担心信用卡的卡号和账户信息被泄露出去。PayPal 只支持用账户上的余额结算，不会暴露银行卡信息。由于它能为用户提供安全的支付环境，所以得到了用户的喜爱与支持。2016 年，PayPal 的用户已经超过了两亿人。

不过，在线支付也会让犯罪分子蠢蠢欲动。DNS 公司的调查报告称，在所有的网络诈骗中，约有 46% 的黑客攻击都是针对 PayPal 进行的。这个结果与黑客攻击排名第二位的 Facebook（约 5%）和第三位的 HSBC 集团（约 4%）相比，堪称触目惊心。

黑客攻击的对象不是一般用户，而是PayPal公司的赔偿金。赔偿金就是当用户的账户受到攻击后，公司用于弥补用户损失的那部分钱。用户在不知不觉中受到保护，当然会认为PayPal公司是值得信赖的公司，但 PayPal 公司却要为黑客攻击付出惨重的代价。

另外，PayPal 公司每天还要处理 100 多万件在线交易。全世界 200 多个国家和地区的搜索引擎都会访问它们的网站。可见防御黑客攻击是多么困难。

PayPal 公司在应对黑客攻击的问题上也下足了功夫。2008 年，公司以 200 亿日元的价格收购了主营检测黑客攻击的 Fraud Science 公司，希望能用数据科学对抗网络经济犯罪。

如果你遇到上述情况会怎样锁定黑客呢？ PayPal 公司的防御方法是企业机密，所以不能对外公开（公开了就会为犯罪分子提供线索）。

不过，该公司工程师发表的团队工作日志和出售的防卫工具可以让我们管窥到公司的举措。表3-1列举的是检查黑客攻击的例子。

**表3-1　被PayPal重点关注的可疑信息**

| 分类 | 内容 |
| --- | --- |
| 访问者 | • 来自同一IP地址的数十名登录用户<br>• 异地登录<br>• 访问者频繁切换登录国家 |
| 用户操作 | • 短时间内点击率过高<br>• 直接访问网站上没有的链接<br>• 多次访问输入密码的登录页<br>• 按字母表顺序访问商品页，浏览时间不足一秒钟 |
| 购买物品和数量 | • 多次购买或取消同一件商品<br>• 购买量比照以往购买记录骤然增加 |

这套防御系统能够识别出访问者的身份。在世界范围内首次将CAPTCHA技术应用于商业领域的举措，也让PayPal公司享誉天下。相信你一定不会对图3-1的图标感到陌生。

**图3-1　CAPTCHA的案例**

这些对策并不能解决所有问题。对黑客的防守以及新方法的开发就像无休无止的丢手绢游戏一样，谁都不可能把全世界黑客的伪装手段一一列举出来。我们可以从谷歌汽车的开发案例中得知，人们是不可能把所有的意外都罗列出来再进行编程的。

而且，PayPal公司的防御系统并不是在理想环境中实施的。用户在做线上交易时，网站不能因为检测到一点风吹草动就关闭交易，这种不良体验会让公司失去诚信可靠的好用户。

只有机器脑的分类功能才能出色地完成这项工作。PayPal公司每天的在线交易量在 1 000 万笔以上，这意味着单靠人海战术的方法是不能抵御黑客攻击的。通过阅读本书可知，与统计法截然不同的机器学习法，在无人编程的条件下也能通过机器学习纠正错误。也就是说，机器学习法能够处理被统计法忽略的少数数据，能为人们提供更精准的结果。

综上所述，能够防御数量大、花样多的黑客攻击是机器脑的一大专长。

## 案例 6　富士胶片 /Anthem 保险公司：分类癌症光片

### 任何人随时随地都能享受到专业医师的精准诊疗

数据科学还被医疗机构应用到了癌症的诊断方面。确诊患者是否患有癌症要通过 X 光片和细胞诊疗等多种方法进行综合评定。随着医疗技术的进步，检查的对象越多，人们能够收集到的参考数据就越多。

虽然日益增多的参考数据提高了诊断的正确度，但也增加了医生的工作量。能够仔细检查人体内部的健康状况的 CT 扫描仪每次作业都会生成上百张 X 光片，但医生是不可能把这些光片全部看完的，因为他们还有更重要的临床工作要去做。如果都用人工诊断的方式去为患者检查身体的话，很可能会出现因医生失误而引发的医疗事故。另外，如何让专业经验不足的新医生确认 X 光片、如何让专家医师的经验能惠泽更多患者，就成了亟待解决的问题。

其实，早在 10 年前，人们就尝试用数据科学技术去处理癌症图像了。迄今为止，部分成果也实现了商品化。

富士胶片和静冈癌症中心联合开发的 SYNAPSE Case Match 中记录着肺癌与肝脏肿瘤数据库中上千个病例，并能用算法解析 X 光片特征（如图 3-2 所示）。它能对比当前患者的 X 光片和以往的数据，帮助医生迅速做出精确的判断。另外，NEC 公司开发的 e-Pathologist 系统还可以将胃、大肠、乳房、肾组织的 X 光片与原有数据进行对比，辅助医生做出正确的判断。

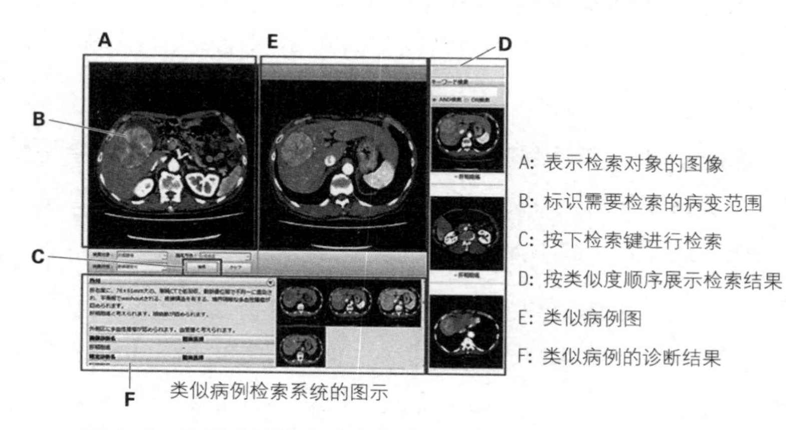


**图 3-2　类似病例检索系统 SYNAPSE Case Match（Ver.2.4）**

它们还开发出了用乳房 X 光检查乳癌、用痰色检查肺部健康状况的医疗诊断算法。尽管有些机器没有生产出来，但已经开发出精度高于人工诊断的算法了。

在应用数据科学技术时，与其让精密的机器取代医生，不如让它们以辅助工具的形式参与更多的医疗会诊。

## 保险公司在算法诊断上做的投资

Anthem 是美国一家大型的保险公司，它的利润来自参保人上交的保险费和支付的赔偿金之间的差额。一般来说，保险公司会尽可能多地征集保险金，并想办法尽可能少地支付赔偿金。

美国的保险公司曾因为没能支付相应的赔偿金而引发了严重的社会问题。对此，Anthem 保险公司决定把工作重点放在必须支付的赔偿金项目（健康状况的恶化、处于需要高额治疗费的紧急状态）的可预防性问题上。

你可能会觉得奇怪：保险公司怎么操着医生的心啊？与日本保险制度不同的是，美国的私营保险公司不仅可以决定治疗内容，还可以指定参保人去哪家医院做体检。

Anthem 是从癌症保险做起的保险公司。据美国癌症协会调查称，全美每年约有 160 万个癌症诊断案例，其中五分之一的案例均为误诊或存在诊断不充分的问题。

虽然我不清楚你对医疗行业持什么态度，但我知道由于医学是一门非常复杂的学科，再好的医生也不可能做出 100% 正确的诊断。癌症的问题更是复杂，即便是拥有丰富临床经验的医生也不能掉以轻心。为了医学事业的发展，医生们必须勤读最新的论文，因此他们很难做到诊断治疗两不误。我也认识一些临床医生，在此，我谨向他们付出的超乎常人的努力鞠躬致意。

Anthem 保险公司的目的是为医生们提供对治疗癌症有帮助的判断工具（该项目是与 IBM 公司共同研发的）。如果能做出更准确的诊疗，公司的业绩也会随之提升。

日本临床肿瘤学会指出，在人工智能机器导入伊始，它的准确率还不足 50%，直接诊断的正确性并不可靠。但后期机器的正确性有了大幅度的提升。如前文所述，不同于统计法的机器学习法接触的数据量越大，其得出的结果的正确性就越高。

下面是证明数据量的重要意义的案例。图 3-3 是 IBM 公司用同一种方法制作的机器学习示意图 [ 该图在美国著名的益智类问答竞赛电视节目《危险边缘》( *Jeopardy* ) 中播出，向观众们展示了机器做答的正确率是多少]。根据时间曲线，关于机器答题正确率的新结果大多集中在图 3-3 的右上角。此曲线图的最后一次更新是2010年，但在2011年时，机器答题的正确率就超过了曾经的答题冠军，取得了最终的胜利。

虽然血液检查数据、X 光片诊断数据和患者的问诊数据比答题节目要复杂得多，但我们仍能使用机器脑解决这些问题。Anthem 保险公司的诊断支持工具在后期又增加了学习数据，输入了与癌症相关的 60 多万件案例以及 42 个医疗期刊的 200 万页的医疗信息。迄今为止，该公司的参保人员都在用这些工具做诊疗。

综上所述，诊疗算法终将在医疗界得到推广与普及。

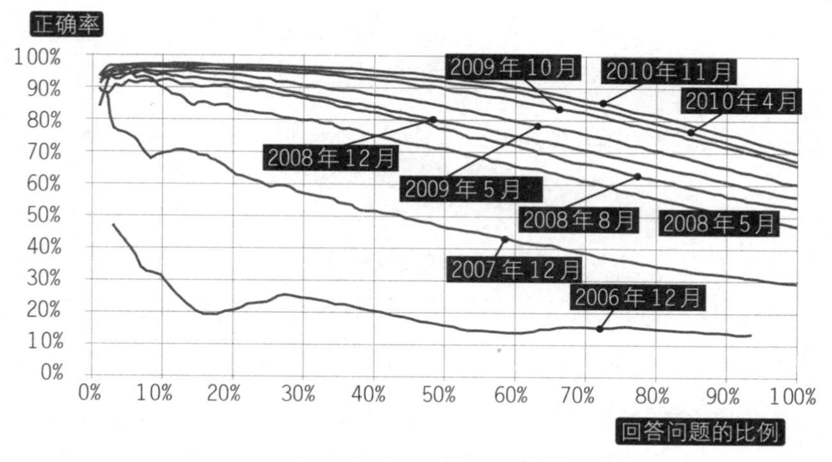


**图 3-3　IBM 公司人工智能工具的逐年进化图**

注：在《危险边缘》节目中，选手可自由选择回答的题目。图中横轴表示答题比例，机器回答率呈现左低右高的趋势。2006 年，反映机器性能的是位于图最下方的曲线，那时机器只能回答 10% 的问题。也就是说，当时算法的正确率只有 10%。近几年机器答题的成绩显示在图的右上角。2010 年，机器答题的最初正确率为 100%，后期降到了 70%。

日本国立癌症研究中心正在用人工智能机器人沃森（Watson）协助医生做诊断。由于该领域研究的发展速度特别快，所以在综合患者遗传基因特性、结合病情检索论文，选取治疗法等方面投入了大量的调查时间。但检索工作不是让医生去查阅几十万篇论文和数据库，而是让机器人沃森在做筛选的同时，迅速找到某个病例的治疗方法。

可见，医疗领域的人工智能机器不能独立作业，它只能以辅助医生做判断的方式参与诊断。即便数据科学能够在技术上完全实现自动化，但由于它的出现会对部分人的工作造成影响，会牵扯医疗法方面的问题，要想实现彻底的无人化作业，还需要很长的时间。

## 案例 7　博彩业：人脸识别技术

### 博彩业与数据的初次合作

人脸识别技术是我们之前只能在影视剧里看到的高科技手段。例如，人们一旦从街角的监控录像中找到了恐怖分子的影像，就可以从大量的人脸图像信息中锁定恐怖分子的脸。本节为你讲述的是人脸识别技术与柏青哥的结合案例。

让更多的客人以反复下注的方式牟取一次性的胜出是博彩业的生财之道。因此，它的经营包括了市场营销、顾客权力、商品和服务战略等一般经营性探索。巧妙地应用数据科学能够对其增收有所帮助。

博彩业最有名的先驱者当属凯撒娱乐公司。凯撒娱乐公司是在纽约证券交易所上市最早的博彩公司，但其市场状况却不如竞争对手的好。大多数博彩公司都有自创的酒店和稳定的收益源，但凯撒娱乐公司却没有那样丰厚的现金流。另外，公司的客人们获得的收益大多处于中低水平，回头客也不见得只去凯撒娱乐消费，这就是凯撒娱乐公司面临的最大问题。

加里·拉维玛（Gary Lovema）先生就是在这种情况下接替前任CEO的工作，成为公司新一任CEO的。他是经济学专业出身的博士，对计算机科学的专业知识和博彩业都缺乏了解。

凯撒娱乐公司当时所处的窘境也是大多数日本同类企业面临的问题。假如你被派去在竞争中处于劣势的公司或部门，你会有什么转败为胜的好办法吗？是和其他公司合作，向银行贷款进行整改，还是开辟新的海外业务？

拉维玛先生把改革资金投到了数据研究上。因为公司的市场战略过于平庸，所以公司在竞争中没法在资金、顾客、品牌等方面与同行拉开距离。数据分析结果表明：满意度越高的客人，越会在下次投入更多的赌注。

为此，拉维玛先生导入了各种能够提升顾客满意度的经营指标。除了把顾客满意度与员工绩效考核、薪酬制度挂钩，拉维玛先生还从顾客的角度出发对问题进行了深入的思考。但这些努力也都只是中规中矩的经营措施。

根据博彩业的行规，除了VIP客户，企业不得对其他客人进行差别对待。但拉维玛先生却颠覆了这条规矩，认为服务就应该因人而异。具体而言，公司将顾客登记卡上记载的“人种”“年龄”“居住地经济水平”等信息作为判断顾客属性的依据，调查某顾客输钱的承受能力上限在哪里，再根据顾客的“沮丧度”对其进行分组。

比如，顾客信息为“白人”“40 岁”“居住地平均收入为 ×× 美元”，则公司就能从上述信息中获知此人的资金承受能力是多少。在顾客的承受度达到极限之前，服务员会阻止顾客继续下注，并为之提供一张餐厅或酒吧的招待券。这就是因人而异的经营方法，也是拉维马先生改革方案的独到之处。

数据科学帮助凯撒娱乐公司收获了约为投资额 10 倍的收益。你可能并不认同这种做法，认为它会榨干赌客的钱包。但用这种方法取得成功的也不只有博彩业。越来越多的公司都在运用擅长对个性做出判断的机器脑赚取更丰厚的利润。

## “脸”之于赌场局头的价值

为顾客提供满意的服务当然是好事，但数据技术和个人信息的应用可能会遭到顾客的质疑和反对，因此，机器脑能优化个人信息的功能堪称一把双刃剑。比如，能在一毫秒内识别出人脸的人脸识别技术就是其中一例。

这项便利技术可以让管理者在不收集顾客个人信息的情况下也能识别顾客身份。2002 年，凯撒娱乐公司引入了这项技术。其引入的理由是用数据库信息防暴反恐，保证赌客们的人身安全。

我们从凯撒娱乐公司以往的数据应用史来看，除了安保，它们肯定还有其他的目的。为博彩业提供人脸识别服务的企业会在其宣传册上写上“安全”和“锁定 VIP 客户”等宣传语（对黑名单顾客也同样适用）。

日本也有不少向柏青哥等娱乐场所出售图像识别技术的企业。和国外的公司一样，日本企业的产品也能用人脸识别技术保障经营场所的安全，锁定 VIP 客户。

当然，博彩业必须遵守国家法律和政府政策。尽管机器脑可以识别人脸，但博彩公司用它给顾客换牌的操作也不合规。但由此可知，人们已经能用人脸识别技术锁定个人，并能提供有针对性的服务了。

生活中最常见的人脸识别技术应用是 Facebook、谷歌照片对相片的分类和存储，还有搜查嫌疑人、判断商场顾客的属性、分析回购行为、防盗（当嫌疑人进店时，机器会自动提示店员，分享信息）。另外，这项技术也能应用到安保防暴上。美国的大型约会网站 Match.com 还用这项技术根据用户以往的审美标准来帮他推荐面相相似的约会对象。

相信日本同行一定对欧姆龙的服务有所耳闻。如果你想知道它们是怎样应用人脸识别技术提供服务的，请参考图 3-4。

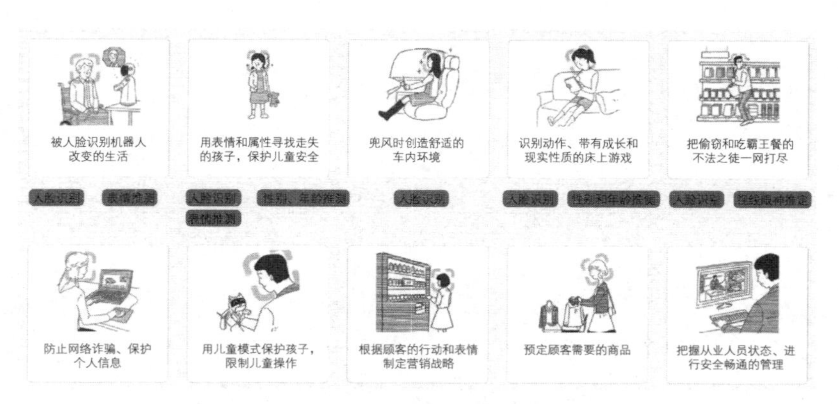


**图 3-4　欧姆龙的人脸识别技术应用案例**

脸部是人们辨识对方身份的重要线索，其应用范围也最广泛。不过，在应用的同时，这项技术也招致了人们的反感。

凯撒娱乐公司在积极运用顾客信息开展业务的同时，也在不断强调其经营的合法性。目前，美国法律规定可以把人名与相片上对应的信息设为一组数据，但匿名相片则不受这条法律的约束（这是最普遍的一种解释）。

不过，随着人脸识别技术影响力的不断增强，法律对该领域的管控也会越来越严格。

# 第4章 机器脑的第三板斧：预测功能

- 案例8　Epagogix公司：预测电影票房
- 案例9　亚马逊 / 乐天集团：购物预测和商品推荐
- 案例10　惠普研发有限合伙公司：规避员工辞职的风险
- 案例11　天气意外保险公司 / 先进领域：保险

机器脑的预测功能已经被应用到众多产业中。例如，好莱坞电影公司在创作剧本时，就在 Epagogix 公司的帮助下，采用这一功能预测出电影票房的大致收益。蓝调之音唱片公司也能通过算法从堆积如山的试听带中发掘出名不见经传的艺人，并使之一夜走红。如果我们不去讨论机器是否有感情、其感情为何物等问题，而只从现实的案例看，那么机器脑已经能在娱乐和音乐等人文领域大显身手了。

网购和租借 DVD 光盘时的推荐功能也是机器脑的预测功能的实际应用。

在线婚介网站会对容易组建家庭的会员做出预测，并在此基础上为他们互相引荐。这就是我们常说的“网络红娘”。

算法还可以预测金融领域的股票、债券价格波动。早在 1977 年，该功能就已经被美国证券交易所应用到日常工作中了。

在保健领域，人们可以通过诊疗费用的明细数据推测出某人的健康状况。以日本的日立健康保险组合为例，它可以测算出每个员工五年后罹患糖尿病的概率是多少。概率高的人可以提早干预，以防患于未然。

在政府部门，机器脑可以根据过去发生事件的征兆、时期、地形、天气和其他类似案例来优化警车的调派。纽约消防部门的警戒计划也是通过预测功能制订出来的。该计划以街道街区为单位来预测火灾的发生率。如果把用电量和空房率等各时期的变量加入模型中，还能提高计算结果的精准度。

本章会在介绍经典案例的同时，向你展现机器脑的日常应用情况。

## 案例 8　Epagogix 公司：预测电影票房

### 票房预测对于电影制作的重要性

任天堂前董事长山内溥先生指出："只要掌握了方法，好莱坞的人气大片制作起来并不困难。它至少不会像活字印刷那样困难。"

想要创作出超人气的剧本的确非常困难。但是，如果能把写作技巧提高到理论的高度，再用数据表现出来，那么创作好剧本也不再是什么难事。Epagogix 公司用算法评估剧本、预测票房收入就是一个极好的案例。

好莱坞电影公司的六个主要工作室每年能创作 20 部电影。除了广告费，每部电影的成本约为 6 000 万美元，这就意味着剧本创作的成本约为 1 400 万美元。而日本电影的制作成本平均才 3.5 亿日元。可见，美国的电影制作是一个很大的项目，它的初期投资就是日本的 20 倍。

电影制作不仅是艺术活动，更是经济活动。制片方后期必须收回成本才能盈利。

2003 年创建于英国的 Epagogix 公司是一家数据科学开发公司。它们能运用独立的剧本分析网站中的算法预测出电影成本的回收率，并能向委托方提供更科学的改进方法，是电影制作界不可或缺的存在。

2004 年时，Epagogix 公司分析了某大型电影公司尚未公开的九部剧本。这些剧本被拍成电影上映后，Epagogix 公司猜中了其中六部电影的票房收入。电影公司认为票房收入过亿的电影实际上只收获了 4 000 万美元，而 Epagogix 公司却预测出它的票房为 4 900 万美元。Epagogix 公司对另一部电影的票房预测误差也仅为 120 万美元。

各行各业都会预测产品的收益，但受诸多因素影响[①]的电影票房收入又该如何预测呢？如果你是编剧，你会怎样编写剧本呢？

## 推测 Epagogix 公司的算法

我在整理 Epagogix 公司的演讲稿以及用算法分析新闻素材的基础上，尝试着解析 Epagogix 用算法做预测的具体方法。

目前，人们都知道 Epagogix 公司在剧本创作阶段就能预测出比专家估算还要精准的票房结果。不过，人们能知道的也只是它们是通过神经式网站操作的，但网站究竟是怎样用训练数据和精彩片段做预测的，人们就无从而知了。

在 2013 年 5 月 13 日召开的意外保险精算学会研讨会上，Epagogix 公司的创始人尼克·米尼（Nick Meaney）在其长约一个小时的演讲中，对算法和训练数据只字未提。但 Epagogix 在预测票房成绩时，会用神经式网站解释专家点评剧本时的核心要点，并比照实际票房成绩、结合各精彩片段做出调整，以便提高预测精度（见图 4-1）。

① 影响因素作为制模变数，可被称为“精彩片段”。

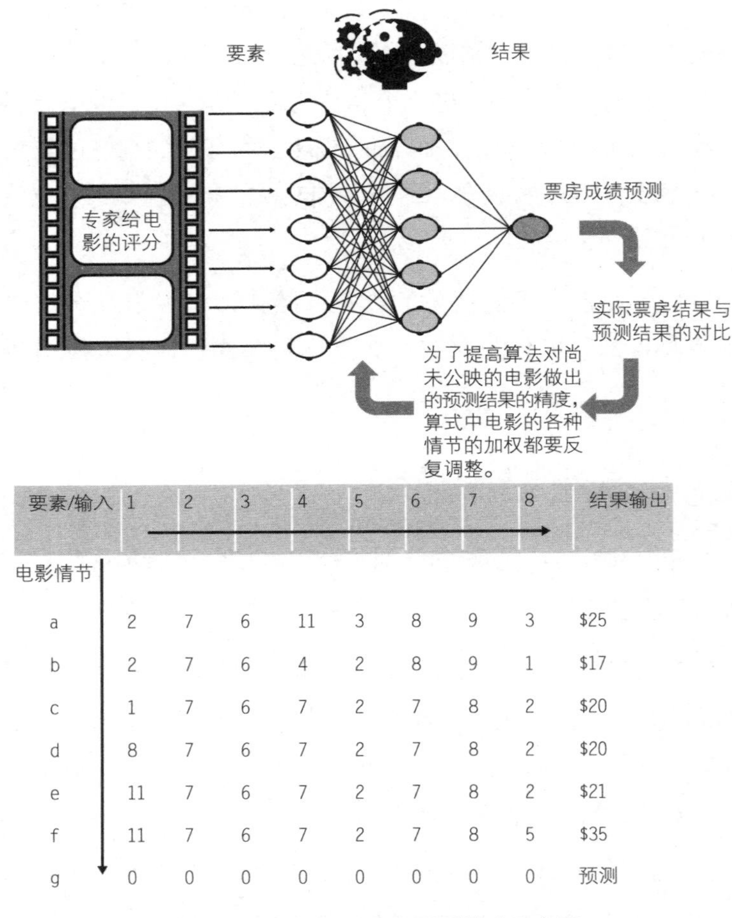


| 要素/输入<br>电影情节 | 1 | 2 | 3 | 4 | 5 | 6 | 7 | 8 | 结果输出 |
|---|---|---|---|---|---|---|---|---|---|
| a | 2 | 7 | 6 | 11 | 3 | 8 | 9 | 3 | $25 |
| b | 2 | 7 | 6 | 4 | 2 | 8 | 9 | 1 | $17 |
| c | 1 | 7 | 6 | 7 | 2 | 7 | 8 | 2 | $20 |
| d | 8 | 7 | 6 | 7 | 2 | 7 | 8 | 2 | $20 |
| e | 11 | 7 | 6 | 7 | 2 | 7 | 8 | 2 | $21 |
| f | 11 | 7 | 6 | 7 | 2 | 7 | 8 | 5 | $35 |
| g | 0 | 0 | 0 | 0 | 0 | 0 | 0 | 0 | 预测 |

**图 4-1　Epagogix 公司预测算法示意图**

精彩片段的“加权”是测量剧本情节能为票房带来多大影响的具体方法。

神经式网站在学习时通常是有“老师”的。它的“老师”就是用实际票房收益校正网站测算正确率的机器学习法。算法能为神经式网站提升预测票房结果的精准度提供指导。

在实际票房数据充足的情况下，优化各精彩片段的加权就变得容易多了。无论是用神经式网站还是其他方法，都有相关算法讲解书籍，网上也有不少公版书可以参考。那么，Epagogix公司是如何让算法把握“专家点评的核心内容”的？

让我们先来看一下克里斯托弗·斯坦纳（Christopher Steiner）在其著作《算法帝国》中对Epagogix公司的预测方法做出的解释：

> 算法其实是人们在阅读剧本之后评价几百种不同要素的报告书。这些要素有故事设定、主角性格、道德冲突、配角设定、结局、爱情故事等。在评价新剧本是否值得购买时，人们既不需要召开董事会，也不用与各级负责人交换意见。只需把剧本交给算法去审查就行了。不过，再厉害的算法也需要先学习专家评价剧本的标准才能独立工作。

专家评价剧本的关键要素有故事设定、主角性格、配角设定、结局等。那么，评价故事要素的重要性基准是由谁在过去庞大的剧本数据基础上构建的？

关于这个问题，我推荐你看马尔科姆·格拉德威尔（Malcolm Gladwell）于2006年在《纽约客》杂志上发表的文章——《成功的公式》（*The Formula*）。

该文章指出，剧本评价数据的数据库是由Epagogix公司创始人尼克·米尼的大学同窗好友，以及好友的朋友［Epagogix公司将此二人尊称为平克先生（Mr. Pink）和布朗先生（Mr. Brown）］共同创建的。数据库可以把剧本以要素为单位进行分解，然后再把解析结果按大标题重新分类，制作成电影百科辞典。

以下是文章对解析剧本操作方法的详细说明：

Epagogix公司先制作了一个名为“训练装置”的神经式网站系统，让它去识别已评分剧本的采分点在哪里。同时，它还会让系统记录电影的实际票房成绩。米尼的科学家朋友们就是用这种方法来设计神经式网站的。然后，它还训练神经式网站去预测所有剧本的票房成绩。

假设最初的剧本要素和得分（10分制）为：

- 主角人设：如果能得7.0分，则可以收获700万美元的票房；
- 红发性感美女的出演：如果能得6.5分，则可以收获300万美元的票房；
- 主角和四岁小男孩的对手戏：如果能得9分，则可以收获200万美元的票房。

平克先生和布朗先生就是用这样的方法来预测票房结果的。

之后，系统还会用预测结果与实际票房结果做比较。最初，系统得出的结果也不精准。如果预测票房收入是2 000万美元，但实际票房却是1亿美元的话，它们就会调整采分标准重新计算。反复调整是能够精确预测票房结果的唯一途径。

接下来，它会用预测票房结果的方程式来改良预测第一部、第二部作品票房收入的方程式。不断的改良与调整最终让它得出了能够精准预测票房结果的方程式。

上述描述足以让我们明白算法是怎样工作的了。Epagogix公司把主角人设、红发性感美女的出场、主角和四岁小男孩的对手戏等剧本中的情节、人物以及出演场景都细化成了精彩片段（因素），再以10分制的标准去评分。这些工作都是人工完成的。

而且，Epagogix公司还会结合各精彩片段的加权，让预测结果在神经式网站上反复向实际结果学习，算出是哪些情节给电影票房加了分，从而做好这些情节的加权工作。

这个过程中最困难的部分就是构建精准的剧本评价标准。而建设数据库的关键无非是把能想到的电影的主要特征全部列举出来，给各要素评分，反复预测票房收入，提高预测方程式的精准度。

虽然我们不知道Epagogix公司分析过哪些剧本，但它创建的数据库和过去10年中积累的剧本评价数据、票房收入结果，已经让它在行业中一枝独秀。

假如Epagogix公司在与其他公司竞争同一位客户，那么它势必力压群雄。

表4-1是2013年投资回报率最高的排名前十的美国电影。票房收入靠前的多是六大公司制作的大片。可从投资回报率（ROI）排行来看，将来会有更多的小成本、高回报的剧本被机器脑不断地发掘出来。届时，四两拨千斤式的电影也许才是影视界的主流。

表 4-1　　2013 年投资回报率最高的美国影片排行

| 排名 | 影片名 | 制作费（万美元） | 票房收入（万美元） | ROI |
| --- | --- | --- | --- | --- |
| 1 | 《人类清除计划》(*The Purge*) | 300 | 8 100 | 2 700% |
| 2 | 《鬼屋大电影》(*A Haunted House*) | 250 | 4 000 | 1 600% |
| 3 | 《凯文·哈特：听我解释》(*Kevin Hart: Let Me Explain*) | 250 | 3 200 | 1 280% |
| 4 | 《神偷奶爸 2》(*Despicable Me 2*) | 7 600 | 78 100 | 1 028% |
| 5 | 《妈妈》(*MAMA*) | 1 500 | 14 600 | 973% |
| 6 | 《招魂》(*The Conjuring*) | 2 000 | 19 300 | 965% |
| 7 | 《黑暗天际》(*Dark Skies*) | 350 | 2 640 | 754% |
| 8 | 《春假》(*Spring Breakers*) | 500 | 3 100 | 620% |
| 9 | 《钢铁侠》(*Iron Man 3*) | 20 000 | 120 000 | 600% |
| 10 | 《鬼玩人》(*Evil Dead*) | 1 700 | 9 750 | 574% |

## 案例 9　亚马逊 / 乐天集团：购物预测和商品推荐

### 两种协调过滤模型

Epagogix 公司是根据多个影响因素来处理票房预测模型的。那么，个人消费者的购物预测模型又该如何制作呢？相信你一定见过亚马逊和乐天网站上跳出来的商品推荐框。为了让你对算法预测有更深入的理解，本节将以 DVD 租赁为例，为你讲述这方面的测算。

租赁《哈利·波特》DVD 的顾客会租赁《指环王》吗？没有连锁形式的个体 DVD 租赁店店长可能会根据顾客的个别租赁记

录，凭感觉向顾客做推荐。但如果顾客很多，就不能使用这种方法处理了。

假设这是公司的业务，你会怎样处理呢？

可用协调过滤模型处理此类问题。假设 100 名顾客中有 90 名顾客会租赁这两部电影，那么我们可以根据实际租赁情况向后来的顾客做推荐。这就是协调过滤模型的基本原理，这种方法也叫项目基数协调过滤法。

还有一种方法叫用户基数协调过滤法。这种方法要求把对某类 DVD 感兴趣的顾客划分为一类，再向尚未看过此类 DVD 的顾客推荐同组顾客已经看完的 DVD。

如果你是自动推荐项目的负责人，你还有什么更好、更高效的方法吗？

## 怎样才能提高推荐精度

除了租借 DVD，协调过滤模型的商用探索还被应用到了用户行为研究上。如果某用户曾多次在网站上查阅过《星球大战》（*Star Wars*）的信息，则当同系列影片有新作问世时，网站就会自动向用户做出推荐。而且，喜欢看电影的人是不会满足于租赁 DVD 的，他们肯定更想去电影院体验观影带来的快感。

只关注顾客的租赁结果可能会误判顾客真正的兴趣。只有锁定顾客的实际行为才能提高预测精度。

事实果真如此吗？我们可以配合上述条件进行假设。如果用网站上的租赁记录数据做检测的话，租赁过《哈利·波特》的人一定会租赁其他续集。但这种程度的算法还是相当粗糙的。

如果顾客不满足于科幻类题材，还想看其他题材的影片，你该怎样做推荐呢？

你可以向顾客推荐一个他从未看过的其他题材的影片。如果顾客会点击、租赁，就说明他对此类电影可能很感兴趣，就可以把这部电影加入“顾客感兴趣的收藏夹”中。不过，如果顾客是随机选取的，则后期可能不再点击，那么你就可以将之从收藏夹中移除。这种动态分析能更好地把握用户的爱好。

还可以根据电影题材进行推荐。题材的分类方法也有很多种，比如传统的动作片、恐怖片和用数据设置分类的方法。比如，可以根据用户给影片做出的评价来分类影片标签，再把这些标签作为影片分类依据。这样就能得到更准确地反映用户心理的影片分类了，从而提高影片的租赁率。

我们还能从实际应用的角度想到更多的改进方案。不过，顾客的租赁历史和在线检索记录也存在干扰项。如果顾客是为公司借资料怎么办？或者只是点错了不喜欢的影片链接怎么办？只要给顾客增设“清除推荐数据”的功能，顾客就能自由删除自己不喜欢的搜索记录了。

## 如果你是乐天集团的员工，你会怎么做

我们暂时抛开电影分类不提，假如你是亚马逊或乐天集团的员工，你会提出怎样的改革方案呢？

注意，二者的经营模式是不同的。亚马逊是自行选择产品、再出售给顾客的零售业性质的公司，即亚马逊公司本身就是网店

的经营者。而乐天集团是一家百货商场，它们把在商场中营业的店家视为顾客，为其提供摊位，是场地的经营管理者（有时二者的经营模式并不完全如上所述，我说的只是大致的特征）。

因此，乐天公司在用算法做推荐时就要考虑顾客会从哪个店铺购物，店铺也分优秀店铺和普通店铺，二者的顾客终生价值是不同的。应优先考虑顾客终生价值高的店铺，调整此类店铺的商品推荐很可能会激起顾客的购物欲。在亚马逊上，如果顾客在同一家店铺一次性购买了多种商品，就应该为之提供包邮服务。这样做不仅能节省运费，对顾客来说也是很有吸引力的服务，顾客为了免费配送服务就会购买更多推荐的商品。

可见，经营模式不同，推荐方法也不同。想要让数据科学在经营中发挥更大的作用，就要加强与团队成员的沟通，洞察顾客需求，探讨刺激顾客购物欲的方法。如果你是团队的一员，就要把你的业务需求以易懂的方式向数据科学家表述出来。

## 案例 10　惠普研发有限合伙公司：规避员工辞职的风险

### 改善预测员工辞职率的模型

机器脑不仅能预测公司的外部情况，也能成功地分析公司的内部组织。

不同岗位的辞职率肯定是不一样的，但惠普公司的年辞职率竟高达 20%。这意味着假如一个业务团队由 10 人组成，其中就有 2 人会在年内辞职。如果预先知道谁会辞职，工作的调派就会变得更容易一些，人事工作安排也会更轻松一些。

惠普公司将辞职风险称为“离职风险（flight risk）”，并试图将之以数字化的形式表现出来。从结论来看，预测模型的精准度还是相当高的。在辞职风险名单中排名靠前40%的群体中，持有辞职意向的人约占辞职员工总人数的75%。这些预测数据能让公司每年增加三亿美元的收益。

客观数据不仅能为预测提供依据，还能帮公司及时地制定相应对策。

人们总以为那些拿高薪当领导的人应该不会辞职。预测模型表明：虽然大多数部门会用升职来解决辞职问题，但有些部门的情况却正好相反。那些部门的升职幅度小、加薪量少，但升职者的责任和负担却越来越重。有的人在晋升经理后并不高兴，想到的只是“肩负的责任越来越重”而已。如果不把风险数字化，管理层就无法了解问题的实质，发现不了问题部门，也就不能做出正确的判断了。

通过分析、解决问题，惠普公司的辞职率终于从20%降到了15%。据说，公司的辞职率还在持续下降。

上述案例对公司来说是个罕见的成功案例。在适当的时机实施切实的对策，能够提高人才的管理效率。当然，这种方法对公司的员工来说也许有失公允。因为自己暗中打算的辞职计划一旦被公司发现，就会十分尴尬。而且，有些原本没有辞职打算的人一旦被贴上了“极有可能辞职”的标签，也有可能会影响其职场发展。

不过，本书的主旨不是描绘未来前景。不管你做何感想，能够预测个人行为的机器脑已经问世了。这种机器脑在将来的实施范围还有扩大的可能。说不定你的公司也会引进这种模型来了解员工的身心状态（也许已经在用了），说不定你也会被要求参与开发此类项目呢。

## 使项目成为热点的关键

能否立项并不只取决于数据和技术方面的制约，它还涉及公司内部的政治问题和人事影响。

如果再优秀的数据模型不被同事们认可，那也毫无价值。因此，站在使用者的立场上考虑问题是非常重要的。同事们关心的常见的全新方法很难应用到复杂的预测模型上。如果你是项目负责人，就必须能够回答出下列问题。就我的个人经验而言，那些“做不出成果的预想”通常都很难立项。

- 项目的意义是什么？较之过去，风险预测的优势是什么？
- 项目能做出哪些成果？何时能做出成果？我能做什么工作？
- 项目的模型是否适当？模型的精准度如何？
- 该如何使用模型？使用方法有无缺陷？怎样才能灵活应用？

明明是用复杂的数据科学去开发先进的项目，可项目负责人却不得不去说服处于传统工作环境中的同事们，这让人多少有些无奈。可正因为数据科学是罕见的新式武器，召开说明会非常必要。相反，如果只有项目负责人醉心于数据科学，其他同事却漠不关心，那么项目是很难进行下去的。数据科学项目是团队合作，不是个人主义的英雄秀。因此，对上述问题做出解释就显得非常重要了。

# 案例 11　天气意外保险公司 / 先进领域：保险

## 用数据分散处理技术实现自动天气保险

很多人都认为想用数据科学做项目，就必须开发出世界上最先进的算法，但这种想法是不对的。天气意外保险公司的业务就是一个极佳的反例。

从古至今，气象预测因与我们的生活息息相关而备受重视。从帕斯卡提出压力这一概念开始，人们就试图用各种方法去预测天气。数据科学的进步又给这个领域带来了哪些新气象呢？

2006 年，从谷歌公司退休的工程师们共同创建了天气意外保险公司。2013 年，它用约 1 000 亿日元收购了世界上最大的自动化农业生产商孟山都公司。

大多数保险公司关注的都是如何为农场提供有助于提高生产的方案，但天气意外保险公司提供的却是用数据科学创建的自动天气保险。过去的天气保险在支付赔偿金时需要被保人提供受灾证据。只有证据确凿，保险公司才会支付相应的赔偿金。但这样的要求对农民来说却过于苛刻，他们也不清楚到底什么样的证据才算有效。因此，农民和保险公司经常因为理赔条件而发生矛盾。

天气意外保险公司提供的自动天气保险可以自动记录农场所在地的天气情况。假如农场遭到了台风的袭击，那么农民不必提供证据也能获得相应赔偿。

天气预测功能早已有之，预测用的算法也不是气候公司的首创。过去的日照量、气温、风向也是传统天气预报使用的数据。

天气意外保险公司的创新之处是工作方法，而不是科学技术。把构想变成现实的关键是数据的分散处理技术，即给无人关注的散户农场设置保险价位才是该公司的创举。

提供天气保险商品不仅要考虑风险发生的概率，还要计算世界各地散户农场遭遇不良天候的风险概率。可见，做这份保险需要极其庞大的计算量。天气意外保险公司使用的一般分散处理系统名为 Hadoop。它可以把一台计算机需要数周才能处理完的数据分派给多台计算机去处理。这样，计算机就能在短时间内预测出世界各地的天气情况了。

## 数据量对于汽车保险的重要意义

数据的分散处理技术在保险服务中真的有那么重要吗？也不尽然。汽车保险就是用大数据技术创建的保险项目。

众所周知，少数危险驾驶的参保人的保险金额和安全驾驶的参保人的保险金额是不一样的。如果对不同风险类型的参保人的原始保金做不同的处理，那保费也会随着行车里程数的变化而变化（Pay-As-You-Drive, PAYD）。后期，人们又开发出了根据驾驶习惯而改变保费价位的新系统（Pay-How-You-Drive，PHYD）。1995 年，美国那些领先的保险公司采用了 PHYD 系统，那时正是分散处理技术的萌芽期，计算机的处理速度要比今天缓慢得多。

日期、时间、速度、加速度、经纬度、行驶距离、燃油费等信息在一秒之内就能收集上来，但这些数据太少了。一位参保人每年能存储的信息量是 10 兆字节，而用 1 000 日元购买的 USB 都能存储比这个容量更大的信息。把所有参保人的驾驶信息收集起来，就能获得较大的数据量，而且也不需要算法去做高难度的处理。价位可在半年一次或一年一次的保险费修改时点上进行调整。从标准处理速度来看，它的数据处理水平比天气预报要低得多。

为提高汽车保险的预测精度，收集参保人的驾驶数据是非常重要的。与天气数据不同的是，每个参保人都有汽车的驾驶数据，所以保险公司也不用通过数据销售公司购买这些数据。在这种情况下，数据量就比算法重要得多。在算法相同的条件下，当然是数据量越多，测算的结果越精确。与日本保险公司不同，美国的保险公司不会去分析参保人的全部汽车数据，这是它们能够取得成功的关键所在。

但用驾驶数据给参保人评估保额的做法也存在漏洞。当有新人想参保时，即便是拥有大量数据信息、能够提供 PHYD 服务的保险公司也无从知晓参保人的初次驾驶数据信息。如果是公司的公车，则驾驶员不同，驾驶风险系数也不同。虽然这些数据很难收集，但获取数据量也非常重要。

今后，保险公司的业务改进方向应该是：改变根据一至半年甚至更短的期间内的驾驶数据而设定保费的标准；在参保人来公司投保之前，用手机上的小程序收集参保人的驾驶数据并提示保险金额；开发实时提示参保人安全驾驶的功能，降低发生交通事故的概率。

在大数据与保险相结合时，要看是分散处理技术更重要，还是数据更重要。一个人是没法完成如此浩大的工作量的。想要在工作中取得成绩，就必须学会与人合作。下一章，我将为你讲述由数据科学家、工程师、业务员联袂打造的工作团队，以及团队的合作方法。

# 第5章 机器脑的设计要领

- 构建 ABCDE 框架体系
- 目前数据科学书籍的盲区
- 机器脑的类型（B）：选择模型
- 编程的三大要领
- 使用数据的正确方法
- 实施贵在连贯性

# 构建 ABCDE 框架体系

本章讲述的是构建机器脑的框架体系。虽然它不能为你提供现成的答案（这就像你买了一本菜谱却不能直接吃上饭一样），却能帮你整理思路，为开发同一个项目的成员们构筑交流平台。共享框架体系可以确定议题范围和评价标准。我把开发机器脑时的各环节的英文单词首字母提取出来，命名为“ABCDE 框架体系”（参见图 5-1）。A=Aim（目标）；B=Brain（机器脑的类型）；C=coding/Construction（编程作业、安装）；D=Data（数据的选择和整理）；E=Execution（实施）。

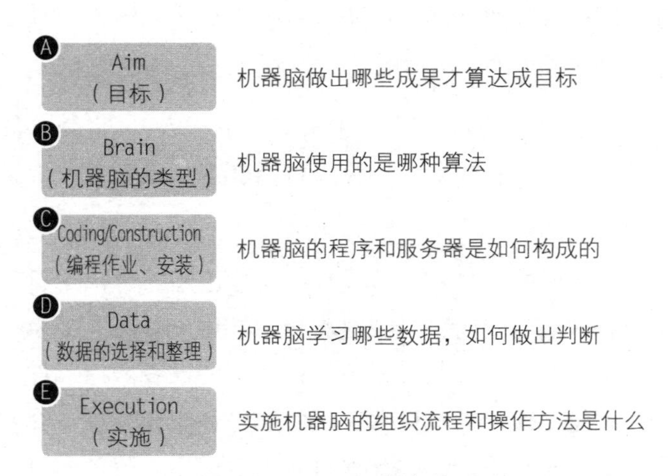


**图 5-1　ABCDE 框架体系**

通过阅读本书序言，我们知道机器脑具有应用领域广泛、成本低廉的特性。因此，在不久的将来，你所在的公司也许会接触与之相关的项目。届时，你会觉得在参与项目的过程中获得的知识要比从书本上得到的多得多。

不过，事先查阅菜谱肯定是做菜的捷径。本章介绍的是构建机器脑的基本方法，它对指导实践是很有意义，也很有帮助。

## 目前数据科学书籍的盲区

大多数数据科学类书籍讲的都是机器脑的类型（B）和编程作业、安装（C）。它们的核心内容就是向读者介绍已有的算法和编写方法。

那只是机器脑的一部分构架。对不懂编程和数据科学的人来说，这样的书籍是没有价值的。

开发机器脑时，首先要明确的是目标（A），它是BCDE等环节的制约要素。实际上，目标是可以随着讨论的深化而逐渐明确的。

另外，数据的选择和整理（D）也是必要的讨论项目。案例教学和教科书都会用现成的数据讲解应用方法来直接演示，直到能够创建出经典的预测模型（做预测用的计算顺序和框架）为止。不过，现实远没有教科书所说的那样理想化，也不存在教科书中几近完美的数据。哪些数据对实现目标最有价值？没有条件要如何创造条件？是否要对现有的数据进行数据训练等标准化作业?

实施（E）是指在正式应用机器脑之前，各部门间的交涉、达成意见的过程和对现场流程的把控等活动。现有的数据科学书籍并没有提及这方面的内容。也有些书籍把该部分的介绍搞得像企业家访谈。而对关键的决策方法、机器脑类型的选择方法、数据的筛选方法，以及与同事们的交流方法和规避风险方法却避而不谈。

下一节讲述的是上述环节的“常见误区”和“解决要领”。我会按照各环节间的关系以及制约要素进行讲解。

机器脑的设计、制造流程并不是单向的，它的构建过程非常灵活、富有弹性，如图 5-2 所示。

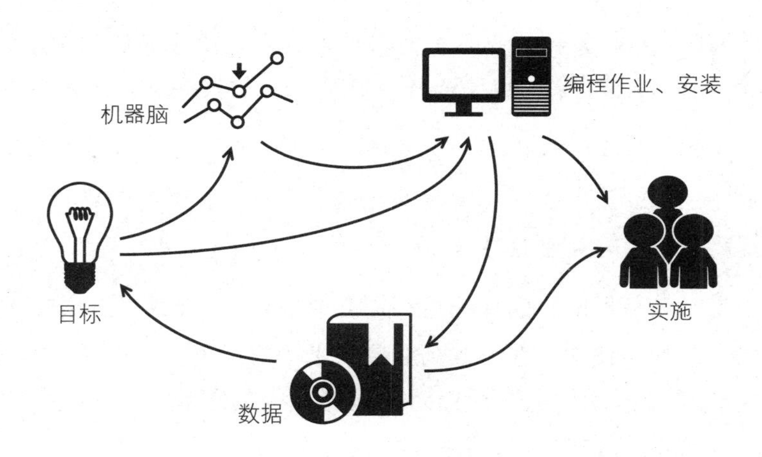


**图 5-2　机器脑的设计和制造流程目标（A）：用 SMART 法来确定目标**

## 常见误区

本部分的常见误区是“目标不明确”。你是否觉得前几章的成功案例非常不可思议？不过，如果目标不明确，我们在工作中就会浪费很多资源。下面是我在演讲的答疑环节、咨询会上经常听到的问题，希望我对这些问题的回答能让你明白应该如何明确目标。

**问题 1：**我们是持有总公司大量数据的分公司。我们想用数据为公司做出贡献，目标是尽可能为公司发展提供支持。

**解答：**想为公司做贡献的初衷是可嘉的，但它不是设计机器脑的具体目标。为了让数据科学家和数据工程师理解你的意图，你必须把如何做贡献说得更明确一些。

**问题 2：**业务员的业务水平参差不齐，怎样才能提高他们的水平？他们人手一部 iPad，就不能用它为收集数据做点什么吗？

**解答：**这个问题比上一个具体一点了，但它只是对业务背景和可利用资源进行思考。说到底，这个问题关注的不过就是“如何提高业务员的业务能力”。

是想用平板电脑的在线培训提高业务员某项技术的分数，还是用它向顾客说明，在不提高业务水平的前提下提高业绩？是想利用它获取行动信息，从而对公司做出及时的指示，还是想用 GPS 定位系统查岗、修订公司的规定？

如果不能确定方法的适用范围，就不能做出具体且具有针对性的设计。

**问题 3：**我们想用数据自动化分析为销售部提供能够反映 SNS 上市动向的报告。

**解答：**这个问题相对具体，但依然不够详细。报告书不是企业活动的终点，它必须对企业下一阶段的活动有所帮助。

写报告的本质是去评价活动效果。什么样的报告是合格的，什么样的报告不合格？写报告是侧重信息量还是及时性？这些都是需要考虑的问题。

比如，针对电池起火的异常值做出的数据收集、发布等对策分析报告；评估公司宣传视频的分享和阅读量；优化广告和宣传视频的预算分配报告；家庭主妇在做家务时对公司产品感到不方便、不满意的抽样分析报告……这些报告需要的数据都是不一样的。

**问题4：**我们想开发能安装在高速路上行驶的卡车上的远距离自动驾驶功能模块。希望把每台可搭载装置的价格控制在500万日元以内。

**解答：**目标具体到这种程度就可以了吗？如果你是该项目标负责人，你能写出该项目标的各阶段进程和日程安排吗？

如果把它落在书面上，你就知道问题所在了。没有具体的工作日程安排的项目是无法实施的。期限是目标不可或缺的条件，要先安排日程再考虑目标，反之则不成立。目标对象是20年后行驶在日本高速公路上的卡车，还是针对三年以内想在加利福尼亚州取得驾照的司机？对象不同则计划不同。

现实中能在最开始就明确目标的项目非常少。但如果不事先确定目标，后期的某些环节就一定会出问题。

后文中讲述的机器脑模型和数据整理每次都会出现让人做折中选择的情况（就如同在股票的稳定性和成长性中做出取舍一

样）。机器脑的对立选项有精准度与计算速度、数据的网络性与收集难度等，选择标准就是目标。如果在机器脑的制造过程中出现了犹豫不决的情况，则表明目标不够明确。

## 解决要领

那应该如何明确目标呢？

机器脑并不是独当一面的天才开发出来的，而是众多成员的智慧结晶。因此，设定目标时必须采用所有成员都能看懂的方法才行。以下是确定目标要领，必须说清楚这些问题，才能让大家都明确目标是什么：

- 方法：如何做；
- 对象：处理对象；
- 数值标准：达到某数值后如何处理；
- 时限：工期的长短；
- 制约条件：特定条件对目标的影响。

适用于设计机器脑和其他业务目标的方法被称为“SMART”法。

SMART 是下列英文单词首字母的合写，即 S：Specific（具体的目标）；M：Measurable（可测定的目标）；A：Achievable（可达成的目标）；R：Relevant（有相关性的目标）；T：Time Bound（假设期限的目标）。

为加深你的理解，请阅读下列案例（为便于理解，我以前面提到的奈飞公司为例，其目标是我自行设定的）。

### 奈飞公司的 SMART 案例

- 方法：评估每位顾客的数据和每部电影的数据，把最适合某位顾客的特色电影筛选出来。
- 对象：现有顾客每人每月租赁影片的部数。
- 数值基准：把现在 1.00 部 / 月的租赁率提高到 1.03 部 / 月的租赁率，提高 3%。
- 期限：六个月。
- 制约条件：
  - 不做问卷调查，只根据数据套餐进行操作；
  - 进入第四个月时，需进行无系统安装的用户测试，将新旧算法分组，按租赁意向所示比例进行分类，达到 6% 以上的部分都可视为优秀。

把这些项目一一写好，SMART 目标设定就会变得非常清晰明确了。

你可以将上述内容与领导说的“必须让顾客再多租赁些 DVD”“要积极地应用数据”等含糊不清的指示做对比。通过对比，你会发现奈飞公司案例罗列的方法、对象、数值基准、期限等要素把目标解释得特别透彻。

将目标量化是必要的，而每位顾客的数据和每部影片的数据则不必写得太详细。因为这是为上述案例中确定目标而用的，所以只把试错范围和领域点到为止地表现出来就好。

上述案例中还提到了制约条件和验证方法，即六个月交工的项目需在四个月时做中期检查。试错性项目大多不涉及工期。设置中期检查有助于项目及时调整、重设工期，这样做更容易让人把握目标的进度。增大中期检查的达成比例是为了关注测试环境比现实环境更能取得好成绩的事实。

注意，用数据科学辅助工作是一项团队活动。因此，提升团队活动的联动性和制定具体日程也是非常重要的。

下面是小松制作所的案例。康查士系统是将机车与数据相结合创造的预防故障、实现自动作业的数据平台（详见第 2 章）。

**小松制作所康查士系统的 SMART 案例**

- 方法：以发动机引擎在运作时的声音数据为参考，改良预测故障声的算法；
- 对象：核查 14 天内算法会漏听多少故障声；
- 数值基准：把漏听率从 5% 降到 3%；
- 工期：12 个月；
- 制约条件：不要让错误警报率增长得比现在还高。

相比领导说的“要迅速检测出机车故障”，上述例子中所描述的数据科学功能和数据引擎功能更能明确地指明行动方向。

小松制作所为了保证对结果解释的精确度，还会抽样观察引擎声。为此，工程师必须把过去的故障案例、成功预测案例以及出故障的时间、故障前引擎声等一系列数据都准备出来。之后，数据科学家还会根据这些数据用多种模型进行计算，从而推算出最佳方案。

收集故障数据和正常数据是为了区分故障声与正常声，这样就能让机器在工作时自动发现异常了。而收集包括声音数据在内的众多数据是为了对信息做出解释与判断。

引擎声越来越大，排气量、振动幅度、温度都在上升，则证明机车在正常运行。相反，引擎音越来越大，排气量、振动幅度、温度却没有变化，则证明机车出了故障。

可见，必须结合其他数据，才能通过引擎声做判断，从而把握机车的整体运行情况。如果只有引擎声正常，而其他数据没有相应的变化，则可以断定机车出了问题——这种假设是成立的。

请注意制约条件中的错误报警率。如果驾驶员在听到警报声后认为“机车肯定又出毛病了”，则证明数据对情况的反映不准确。

此时要考虑“灵敏度（sensitivity）”和“特异度（specificity）”之间的关系。灵敏度是指机车真的发生故障时，判断故障的比例。特异度是指机车无故障时，判断机车正常的比例（如表 5-1 所示）。在大多数情况下，二者成反比关系。灵敏度上升，特异度就会下降，反之亦然。最理想的状态莫过于二者都有较高的算法。但达不到理想状态时，人们就要面临二选一的难题了。

**表 5-1　　对灵敏度和特异度的思考**

| | 真实故障（正确） | 误报故障（错误） |
|---|---|---|
| 算法对故障的判断（积极） | ○成功检测次数 | × 错误警报次数 |
| 算法对非故障的判断（消极） | × 失误次数 | ○正确驳回次数 |
| 思考 | 灵敏度＝成功检测次数 ÷（成功检测次数＋失误次数） | 特异度＝正确驳回次数 ÷（错误警报次数＋正确驳回次数） |

因此，如果想让故障的漏听率从5%下降到3%，就不能做出含糊的判断指示。人们在讨论时就应该针对警报的真正故障数据和误报数据（错误警报）做出判断。

有人经常抱怨说："我们公司连目标都定不下来。"如上文所示，机器脑的目标设定需要很多专业知识和高难的理论实践。目标会成为组织在一段时期内劳动力投入的指南。确立目标需要集体智慧和深思熟虑。切记，没有目标就不能实现愿望。

## 机器脑的类型（B）：选择模型

### 常见误区

任何工具都有其特长和功能。锯和铁锤各有功效。

常见误区是让机器脑去处理其不擅长的工作。由于机器脑没有具体的物理形态，所以对它的误用也不容易被发现。致使误区出现的原因有二。

原因一，除机器脑的类型以外的各环节内容含混不清，以至于无法向机器脑做出明确的指令。如果目标不明确，则后面的步骤就无法实施，也没法选择正确的工具。

当然，你也可以在构思时去思考目标和实施方法，但这种程度的设想和搭建一座木质狗窝时需要哪些工具的设想没什么区别。假如你要给孩子做一个塑料泳池，那么没有充气功能的锯条就是个废物。

机器脑的设计是抽象度极高的理论实践。在这样的实践中，会有无数我们无法发现的漏洞，而且当事人也无法意识到问题所在。如果将我刚才举的那个例子放在一个大项目中，它的问题是很难被人发现的。

原因二，当目标、编程实施等环节的内容明确，机器脑的要求也清晰时，也会出现不遵守机器脑指令的情况。尤其是在机器脑选择标准出现黑箱化时，这一现象会频繁发生。如果每个人只明白自己负责的部分，而对整体目标缺乏理解，那么项目最终还是会失败的。

既然团队设立了成员间各司其职的分工体制，就不能让一个人去操心所有的工作。但每个成员都有责任向大家说明自己处理工作的方法和采用该方法的原因。

算法选择不同于工期和交涉方法等人尽皆知的话题，它只有数据科学家才能讲清楚，但团队合作的优势就是能够把握业务、工程计算、算法选择等方面的特点。很少有业务员能够探讨相关书中讲述的内容，所以了解算法知识就会成为你在职场中的优势。

注意，数据科学家有时可能只是想测试一下模型是否好用，想证实自己的想法能否解决问题。你可能难以接受他们的做派，但数据学家的好奇心会影响模型的选择。

有人认为“做工作就要按要求去选模型，不然是不会有好结果的”，但数据科学家的尝试也许能找到新的突破口，所以不能把他们的尝试一棒子打死。

也有人比较执着于某种模型。他们在探讨理论时，会认为“频度论太陈旧了，贝叶斯模型才是正解的”。坚持方法论没有问题，但做工作最重要的是取得成果。数据科学家也不能执着于方法论，要把求证结果摆在首位。不管黑猫白猫，只要抓到老鼠就是好猫。所以，不必纠结于采用哪个模型。

此外，那种“模型管理由一人负责，此人无须向大家解释选择模型的理由”的团队方针，会降低模型选择的透明度和再现性。机器脑的设计不是撞运气的赌博，对模型选择有决定权的数据科学家也必须向大家解释选择模型的理由。

## 解决要领（基础篇）

选择机器脑的类型时有两个要点：要点一，在明确其他环节的基础上确定机器脑的类型；要点二，把模型的选择标准进行可视化，让数据科学家对模型的选择理由做出解释。不能因为内容困难就避而不谈，那会导致选择标准含糊不清。负责人调岗或离职都可能影响整个团队的工作效率。要摒弃依赖负责人、做事凭运气的思想。必须打造具有可替代性的业务团队。

讨论机器脑模型会让你发现其他环节存在的问题。比如，实施环节的执行方法该如何解决。未解决的问题可能会成为“影响计划落实”的原因。不过，“待定”和“定不下来”是两回事。由于机器脑不是靠个人才能设计出来的，所以可以对应目标-实施各环节写下“未来可能会出现这样的变化”等推测。之后，大家可以根据假设进行实践。如果实践和设想有差距，那么重新确认有出入的地方即可。

如果不打算把模型的选择完全交给数据科学家去处理，那么其他成员也要对模型有所了解。模型会随着数据科学家的努力而不断更新，为了不被时代淘汰，我们必须不断汲取新知识。新知识已经成了我们在选择模型时的重要参考。

有规律不代表万事大吉。在选择模型时必须先确定其功能

（可视化功能、分类功能、预测功能）。图 5-3 的上半部分是可视化功能，下半部分是分类和预测功能。之后要从“保证精准度与保证操作便捷性”中做出取舍。最理想的状态当然是“既精准又便捷”。当二者不能兼顾时，就必须做出取舍。

图 5-3 是兼具精准度和便捷性的免费公开数据库。为了加深对模型选择的理解，你可以思考一下这些数据都能解决什么问题。选择模型不能纸上谈兵，必须要付诸行动与实践。

此图可以让你从整体上把握选择模型时的要领。为了深入地理解个别算法，建议你抽空阅读各类关于算法的专业书籍。每个模型都会有很多相关的实践指导书。

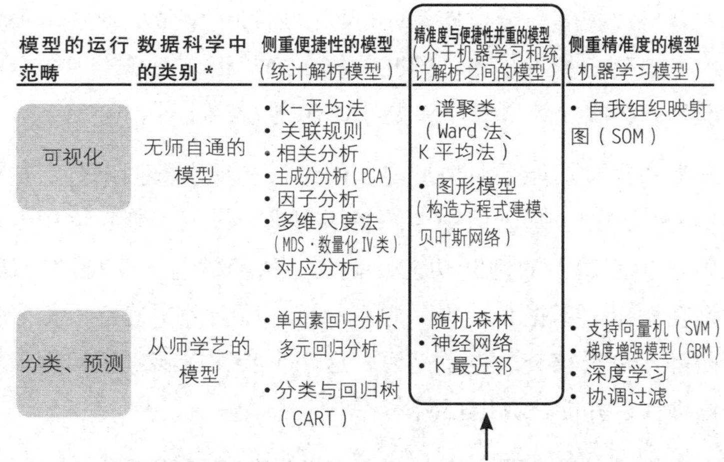


**图 5-3　选择模型的规律**

注：其实还有一个不同于上述两类模型的“强化学习”模型。它是指在没有数据辅助的情况下的计算，也可以将之理解为“无师自通”模型。不过，这种模型是用“政策函数”制作的，所以函数就成了影响计算、修正模型最关键的部分。因此，它也有“从师学艺”模型的特征。

此外，模型还涉及很多复杂的象限，但为了让你能够从整体上把握模型的特征，我才做了上述简化分类。

## 解决要领（数据科学篇）

在图 5-3 中，左边的“模型的运行范畴”把机器脑分为可视化、分类、预测等三项功能。“数据科学中的类别”项下的“无师自通”和“从师学艺”又把模型分成了两大类。可视化功能对应的是“无师自通”类模型，分类和预测功能对应的是“从师学艺”类模型。模型的导师就是正确有效的数据。

可视化功能可以把看不见的东西以易于理解的形式表现出来，从而让人们把握模型的整体特征，但它并不是最终的正确结果。例如，信用卡公司想要通过客户的使用记录了解“客户属性”的可视化功能，就要通过“无师自通”类模型来实现。可视化功能既可以把客户分成四类，也可以通过更细致的形式来加强表现。可视化功能不是为了判断数据正确与否，而是为了向企业提供设计、实施、效果测评等决策时有理论依据。

分类和预测功能是对模型得出的结果和现实数据进行定量评估的功能。比如，基于信用卡的使用记录开设的“判断信用卡是否有不正当使用”的判断功能，就是“从师学艺”模型的应用。该模型在做出“不正当使用”的判断后，还会为了确定不正当使用率向客户进行核查。也就是说，这两个步骤能够判断信用卡操作的正确性，并能估算出正确率。

再来看看“侧重便捷性的模型”“精准度与便捷性并重的模型”和“侧重精确度的模型”各自的特征。

“侧重便捷性的模型”是用统计学原理制作出来的。统计法的特点是浅显易懂，但该方法不能区分各类数据的特征，精度欠佳。如本书序言中所说，统计学只能把握数据的一般特征。这种模型能让人们了解多数派数据的特征，却不能了解少数派数据的特征，所以易懂却不够精确。

与之相对的是用机器学习法制作的“侧重精准度的模型”。这种模型能够处理复杂多样的数据，但想要对数据进行解释却是非常困难的。不过，它的精准度比前一种模型要高很多。

我们先不要纠结理论的正确性，制作模型时可用中间的模型去测试数据。得出的结果如果过于含糊，对现实没有帮助，就要用侧重精准度的模型去做测试。相反，如果结果计算耗时过长、解释困难，那就要用侧重便捷性的模型去做测试。

另外，还有多种模型并用的情况。比如，在预测零件故障时，精准度就比较重要。此时可以用机器学习模型查找出故障原因，需要做出解释和说明时，就可以用统计学模型予以辅助。复杂的项目往往包含多种模型。向合作公司和客户做说明时，复合模型才是最佳选择。以下是对模型选择标准的总结。

- A：Accuracy（精准度）。结果的精准度是否达到了预期值。
- I：Interpretation（解释容易度）。结果是否容易解释。
- C：Coding/Construction（编程作业、安装）。机器脑的构造、安装方法、在体制中的实用性和便宜性，以及具体的处理方法：
  - ✓ 安装程序库是否免费？数据量是否丰富？
  - ✓ 如果只有付费软件，它的操作难易度如何？软件版权要多少钱？
  - ✓ 没有数据库，该如何“白手起家”？
  - ✓ 成本的可承受范围如何？
  - ✓ 必要的数据量和种类是什么？

- S：Speed（速度）。得出结果要花费多少时间？在非实验环境下，数据量增多后的处理速度如何？除了模型数据以外的必要数据的收集、处理时间需要多久？

## 小组讨论：两难选择时的最佳平衡点

在模型选择的四个标准中，精准度与其他三项成相反关系。模型越复杂，解释难度越高，编程和安装耗时就越长，成本就越高，速度就越慢。

下面，我将介绍一些企业活动实例。假设目标是在下一季把消费者对时装需求的预测误差值降至 0，那么数据科学家和相关同事就要反复讨论其他标准可以做出多大让步。当然，既不能牺牲其他标准，又能提高精准度是最理想的状态。

为方便理解，我以虚构的时装制造零售商 SPA 为例，为你展现团队讨论的场景。请在阅读时注意成员们是如何对四个标准做出取舍的。

**团队成员**

**数据通用经理：**出岛一。

他主管数据通用工作，是有一年工作经验的项目负责人。他的主要业务内容是用产品和服务为公司争取更多的顾客，以提高公司的利润率。此外，他还要负责与数据科学家、数据工程师等人进行紧密的沟通，主持项目开发的全过程。

他在大学期间主修经济学专业，参加工作后一直负责市场营销方面的工作。除了能看懂网站上的购买记录和访问信息，他还对 HTML 编程有所了解。

**数据科学家：**西苑恭子。

她是团队中唯一的女成员。她主要负责对统计、机器学习等科学思考法和应用模型时涉及的理论问题做出解释。她能把复杂的模型解释清楚，辅助出岛先生完成工作。

她在本科期间主攻农学专业，硕士阶段主攻数学专业。她不仅具有统计知识，还能用数据熟练地办公。

**数据工程师：**迪恩·恩格尔。

他是一名日语并不纯熟的德国人。三个人中他最年轻。他从小就对编程感兴趣，所以他对专业非常精通。

他负责过越南项目的编程与安装工作，是能把主要业务和数据模型上的主要工作与编程、服务器业务结合在一起的实力干将。他还很了解公司的数据资源。

### 制造零售业案例

**西苑：**我们要讨论的是为了提高机器脑的精准度，降低其他几个标准的问题。降低解释容易度怎么样？我们在现在用的随机森林算法中设置了很多决策树，所以客户是能够理解机器脑做出的解释的。深度学习法可以提高精准度。不过，就是要做内部黑箱子化处理。

**出岛：**精准度和解释容易度是不可兼得的。不过，这次不能这样处理。因为客户希望销售预测结果会对布料的生产与调度有所帮助。我们负责分析，越南工厂的生产管理部门人员负责调度布料的生产时期、种类、数量和金额。降低解释容易度会让我们失去客户的。还有既不牺牲解释容易度又能提高精确度的其他方法吗?

**恩格尔：**增加数据量可以降低机器脑的速度，这种方法也能提高精准度。现在我们能用的只有部分大型店的POS机传输上来的数据，它们仅占全部数据的15%。如果把其他数据也加进来，效果会更好一些。数据越多，精准度越高。

**出岛：**好主意！现在确实是在用大型店的POS机传输上来的数据做预测，再加上其他数据的话，速度能下降多少呢？能延缓几个小时呢?

**恩格尔：**起码能延迟一周，因为所有店铺的销售数据每周可做一次批量处理。数据处理负荷不仅能使速度下降，还能突破处理瓶颈。

**出岛：**原来你是打算用计算的时间来延迟速度啊！能延迟一周那么长的时间啊……

**西苑：**简直太不可思议了！为什么要用15%的数据去做预测呢？不能用所有店铺中的POS收款机去处理数据吗?

**出岛：**是啊。新开业的大型店里都设有新的POS收款系统。它们和其他店里的POS收款机的编程方法不同的是，老系统只能在闭店后将尚未计算的数据以邮件形式发送给当地主管，并将邮件抄送给公司本部。这有些像社长从基层升任会长一样，要一级一级地传送。由于公司店铺众多，所以公司本部每周都要进行数据计算作业。

**西苑：**公司本部是人工操作吗?

**出岛：**是的。与库存管理为一体的内网终端有复印、粘贴功能。虽然延迟一周能提高精准度，却不能让人们对生产调整做出指示。能把速度调整得再快一点吗？旺季时，公司每周会在周一和周四做两次工作部署。但总体来说，我觉得降速的想法很好。

**西苑：**他们是用邮件发送报告吗？如果是的话，那我们就可以做个内网网页，让大家把文件上传到网页上。这样数据就能天天更新了。

**恩格尔：**赞同！这样做只延迟一天，数据量和速度也都能得到保证。文件上传后，本部的人工作业也可以用批量编程处理了。

**出岛：**太好了！延迟一天应该是没问题的。但这样做的话，万一上传的数据有错误，不能人工检查怎么办？那就得修改店员工作手册、注意操作细节了吧？地区主管在执行时也要改变操作指示（实施）。但能打造出完美提升销售预测精准度的机器脑，也是一件令人非常高兴的事。估计客户会接受这个提案的。

**恩格尔：**好吧。如果担心数据出错，那可以在上传时制作能自动提示错误的系统（编程、安装）。提示包括：数据日期、休息日前是否忘记上传、POS数据的遗漏……还有其他问题吗？

**出岛：**很好。关于其他问题，我们可以向地区主管请教。

**恩格尔：**另外，能用外部的云服务器（编程、安装）

辅助操作吗？因为在闭店后众多店铺同时上传数据的话，实时检错的速度也必须快一点才行。

**出岛：**没问题。公司现在已经在用AWS①外部服务器办公了，上传数据的时间也能自动调节AWS②，应该不会有问题（编程、安装）。再说，数据存在误差与瑕疵也是难免的。上传和自动化处理是需要做测试的，但想要提升下一期的精准度可能没那么多的准备时间。在提高精准度的基础上，不要把数据量从15%扩展到20%，应该一次性在全国范围内广泛收集数据。咱们就按这个计划进行吧？

**西苑：**散会前我还有个问题。

**出岛和恩格尔：**请讲。

**西苑：**我同意你们的提案。如果能收集到数据的话，能不能把用深度学习法制作的模型也检测一下？这样既可以深入研究这个领域，也可以对提高数据的精准度有所帮助。随机森林算法可以处理解释容易度。在越南的生产管理部门的员工们适应系统之前，可以用深度学习法预测分值作参考。比如，拿降水概率来说，即便不了解预测算法，人们也能感受到预测的精准度。所以，让大家先用一段时间，即便他们不理解算法是如何做预测的，也能感受到精准度提高的事实。

经常做数据分析和应用的企业才会出现上述讨论。团队成员们在讨论时如能时刻意识到精准度、解释容易度、编程和安装以及速度等标准之间的关系，就能迅速得出有价值的结果。

① 即“Amazon web service”的简称，指亚马逊公司提供的云计算服务。

② 根据处理量的负荷自动调整所用服务器数量的手法。

## 不要只追求速度

为了加深你对速度的理解，请看下文的案例。

季度会议材料的分析速度和实时情况分析速度是截然不同的。

在线股票交易分析就属于后者。股票交易的分析向来都是以毫秒计算的。如果投资者的买进速度比其他竞争者的慢，就会被别人抢占先机。再比如，自动驾驶汽车等物理机器的操控分析也是在一秒内完成的。虽然B2C的在线平台不显示速度，但反应时间长的平台肯定会失去顾客。

竞争、操控机器的物理条件，以及不受公司决策控制的顾客意志都能对速度造成影响。

例如，在用机器模型做计算处理时，一定要先考虑速度。云计算能够获得丰富的计算处理规格，其处理压力相对较低。出于安全考虑，在使用医院电脑那种不联网的终端处理器时，为保证速度就要认真思考便捷性模型的方法。

下边是业务负责人、数据科学家和数据工程师针对开发医用肺癌检测图像诊断软件进行的讨论。

**肺癌检测图像诊断软件开发案例**

上一节中的三名成员受M & A公司委派，接手了医疗数据分公司的机器改良设计方案。这次任务是开发医用肺癌检测图像诊断软件，讨论的中心不是精准度而是速度。

**出岛：**现在的精准度能让人锁定目标其实已经很好了，但它的计算处理却过于复杂。最好能让机器在夜间分析数据，这样可以缩短患者的就医时间。不过，超负荷的计算处理可能会导致医院所有的电脑都陷入瘫痪状态，所以现在的系统还是有瑕疵的。

**恩格尔：**没错。现在算法和数据太多了，所以影响了速度。相对简单的是四则运算和条件分歧的组合计算。如果把“图像中肺部下方一毫米左右的白色块状物视为癌症”，则速度就会变快，电脑也不会瘫痪。

**出岛：**你打算用便捷性模型吗？那会不会影响模型的精准度？

**西苑：**不是。现在的精准度是用很多模型计算出来的。比如，“从自组化图中筛选出图片，再用神经网络算法做推定。”处理步骤多、计算量大是机器脑精准度的保证，是让机器脑得出的结果准确度不输于主治医师的关键。所以，不能降低精准度。

**出岛：**是啊。我们在推销产品时也是通过宣传机器的判断精准度不低于主治医生的判断，去说服医院购买的。可电脑一旦瘫痪就会招致医院的不满。

**恩格尔：**这个问题容易解决！问题就出在计算处理规格上。不如先让数据做云计算。

**出岛：**就别提云计算了，医院为了保障电脑的安全，都不允许使用外网。

**恩格尔：**那就再买一台处理计算规格高的电脑。这样只用一台电脑再加上医院内部的局域网就够了。

**出岛：**这个办法好。这样不仅能为客户提供服务，还能提供实用的机器。假如更新现在的模型，且计算量变为现在的两倍的话，能计算出机器处理规模有多大吗？

**恩格尔：**而且，数据量的增加对计算量的预测也是非常有价值的。

**西苑：**不一定要增加模型的复杂度。如果启用服务，那么过去的确诊数据就会增加，它对计算量更有价值。

**出岛：**我们可以以三年为期，看这段时期能增加多少确诊数据，暂且做个大致的预测。

以上就是成员们对选择标准的讨论，这个例子还是很好理解的吧？

除了计算机，功能单一的基盘也能用模型来做计算处理。在使用机器中安装在互联网上的软件时，受条件和技术的制约，软件上复杂的模型无法正常发挥功能。但随着FPGA（field-programmable gate array，即现场可编程门阵列）技术的出现，编入装置也能进行复杂的处理了。

FPGA技术也被称为“灵活的IC芯片”。过去电子回路的规格都是固定的，出厂后就不能更改了。如果用FPGA技术为电子回路分配一个地址，那么它的规格就能在软件上灵活变更了。

这样一来，复杂的模型就只能用硬件电路处理了。这种设计不仅缩短了硬件的处理时间，还节省了能源。由于编入装置已经可以进行机器学习了，所以无人机的空中操控、冲突控制，手机、可穿戴设备、家电等各种领域的通过这种编入装置进行的复杂处理也将成为可能。

目前，这项技术尚未推广，英特尔公司用167亿美元收购了拥有 FPGA 技术的大型公司 Altera。

**图 5-4　FPGA 能改写回路，提高处理速度**

资料来源：Altera 产品资料。

## 用众包改良模型

最后为你介绍的是机器脑的远程武器——众包。它是指借助公司外部力量所做的开发，也是一种在网上公开派发工作的方式，与知识性业务很合拍。

众包给人的印象是一种廉价的云业务，但它也可以用来订购复杂的算法业务。如果条件允许的话，公司可以提供数据，参与各种模型设计比赛。

你也许会担心“众包这种事会泄露机密”。其实，这样的需求已经很普遍了。拿 Kaggle 来说，它能在数据科学领域提供众包定制服务，所有拥有很多模型（2017 年被谷歌收购）。

把公司内部的信息泄露出去确实有违常理。如果让其他公司了解到算法的应用情况，该公司就会失去竞争优势。

但是，模型开发既是全世界的数据科学家用共同智慧开创的新领域，也是21世纪最前沿的科学。一个团队中只有少数人具备最先进的知识是不够的。即便模型在编程时就具备很多信息，试错实验也是需要时间的。试错实验能让模型收集到有助于其改进的数据和使用案例。在此基础上，人们可以讨论模型的优缺点和改善方法。所以，试错实验交给众包去做是没问题的。

例如，能够最准确地向顾客推荐广告的奈飞公司就公开了公司的算法。它们还在网上悬赏算法的改进方案。100万美元的赏金会奖给设计效果最好的团队。可见，顶级企业也在用众包、悬赏等方式提升自己的竞争力。

当然，并非所有公司都需要用众包来参与竞争。这也正是众包被称为远程武器的原因。那么，企业还能用其他方法在竞争中获胜吗？

增加数据量也是个办法。购买能够掌握消费者信息的数据、与外部公司合作，如果公司有数据工程师，还可以投资传感器的开发。增加数据量同样能提高粗糙模型的精准度。

另外，还可以举办编程马拉松活动，提高社员对模型的理解；学习Coursera免费大型公开在线课程；提高数据科学家去参加国际会议的经费预算；通过改良实验环境，降低数据科学工作者的工作负荷量。这些都是切实可行的方法。

# 编程的三大要领

本环节的常见误区有：（1）编程语言问题；（2）云服务器和服务问题；（3）团队管理问题。

## 编程语言问题的常见误区与解决要领

编程语言问题主要包括重复编程和将程序导入系统时的成本问题。用英文检索时，大多数模型都可以以数据库和 API 的形式进行访问。复杂的图像识别和视频判断也能通过对原材料进行剪切粘贴的办法得以实现。

斯坦福大学公开了用高精准度解释图像数据的算法。图 5-5 就是算法对“白衣女网球运动员及其身后两名绿衣男子”做出的解释。你可能都没注意到女球员身后的人吧？右图的照片里有一只站立的狗，通过观察狗与球的位置关系，我们可能将之理解成“接传球（play catch）”。因为编程者也没法对处理机制做出解释，所以只能说“可能”。

只是这个算法还不够完美，它有时会把一只昏昏欲睡的鼬解释成“猫”。不过，只要把收集上来的数据加以修正，就能提高其辨识精准度了。工程师也许能制作出这套程序，但想让它像现有的服务那样，拥有把来自全世界的批评指正都总结出来的优点是非常困难的。

日本企业总认为“我们公司的情况特殊”。也许公司的创立、工作方法和优势项目是有些“特殊”吧，但这种程度的特殊性还不能和处理前所未有的数据的特殊性相提并论。何况我们也见过从0开始编程的企业案例。总之，早一天把系统做出来、提高更新的速度，提升现有模型和API的训练技能才是有价值的长久之计。

**图5-5 斯坦福大学公布的图片数据解释算法**

再来看工作中常见的系统导入误区。假设我们用较为熟悉的Python编程语言做了个模型，可应用时又要把它改写成公司内部系统的JAVA语言。如果一开始就用JAVA语言编程，那后期就不会那么麻烦了。

预测模型标记语言（predictive model markup language，PMML）可以把用不同编程语言制作的App在不做转换的情况下进行模型导入。这样一来，用R语言编写的算法可用PMML做输入法，在安装时，系统就能用自带语言进行读取了。PMML能在短短的几分钟内就完成数据科学家和工程师需要花费很长时间才能完成的语言转换工作。这真是个伟大的创造！

不过，由于PMML尚未解决所有模型的匹配问题，所以提前确认系统环境和编程语言是非常必要的。而且，如果公司的内部系统没有限制，那最好从便于操作的 R 语言或 Python 语言中做选择，它们能与 Hadoop、Hive、AWS 等工具进行衔接。

## 云服务器和服务问题的常见误区与解决要领

我们在工作中不得不面对不能彻底区分编程语言、不能积极应用云提供服务、不能使用云服务器等问题。有时，公司坚持原创主义，工程师就不得不去处理高强度的作业、大量的并列演算、考虑地理位置分散的风险对策等工作。而且，在这种要求下，工程师也没法应用 Hadoop、Hive 等便利的工具。

下文介绍的是使用云服务器时涉及的法律条款。此处列举的是人们对相关法律的常见误解和对事实关系的确认。如果你对此不感兴趣，也可以先跳过本节，等需要的时候再结合专家意见翻阅也不迟。

虽说云曾是一个红极一时的事物，但现在人们对关于它的法规仍有诸多误解。法规也分法律、省令、长官对职员下达的命令、政府方针、国内规定和国外规定等各种形式。在此，我仅对具有代表性的法规做出说明。

法规经常会更新，但公司里的法律顾问却只了解那些过时的法规。

不能使用云服务的理由是，人们误认为云服务器在没有征得本人同意的前提下，把个人信息泄露给外部人士就是违法犯罪。为了应用个人信息，亚马逊等服务器运营商在保存个人信息时，承诺不会将之提供给第三方人士用作其他用途。因此，它们无须征得本人同意也可以使用个人信息。日本《个人信息保护法》的

第23条第4项第1号条款就是这样规定的，在云上使用个人信息既不犯罪也不违法。当然，这项条款对公司管理个人信息也同样适用，公司负有使用AWS的监管责任，具体条款内容如下：

> 第23条　从事与个人信息有关的人员，除下列情况外，必须在征得本人同意的前提下，才能向第三方提供个人信息。
>
> 在下列情况中，接受相应个人数据的提供者需注意，适用于前三项规定的情况并不适用于第三方：一，处理个人信息的人员为使用信息，可在必要的范围内委托全部或部分个人信息。

也有人误认为医疗信息中的个人信息是不能上传到外域服务器的。这也是对法律的误解。其实，政府并不禁止这样的行为。

近年来，日本政府自东日本大地震后就推进了电子病历的云数据化操作进程。为了筹措维护费，政府向民间开放了匿名信息查询业务。2017年，日本通过了谨慎处理包括医疗信息在内的个人信息法案。如果你对这方面感兴趣，也可以咨询律师和专家以求详解。

受美国《爱国者法案》（*USA Patriot Act*）的影响，人们总觉得亚马逊等国外云服务在无需任何手续的情况下就能对个人信息进行浏览、停止某项功能或进行强制扣押等操作。其实，该法案于2015年6月1日时就已经失效了。美国搜查部门想要获取个人信息时，也需要向法院提交申请。

个人信息的强制扣押和功能停止确有其事，这种行为也存在一定风险。但此类事件的发生率很低，几乎和公司服务器管理功能关闭的可能性一样低。另外，无论是搜查部门想要扣押或停止某项功能，还是外国司法机构想要降低风险，都不会对信息的应用造成影响。拿医疗数据来说，比起亚马逊，人们更常用的是IIJ数据。

医疗机构根据法规对数据进行保护则又是另一回事了。这种数据是受国内法律保护的，所以域外服务器不能对其进行访问。

在这种情况下使用亚马逊虽然不违法，但有必要将保存数据的物理场地限定为日本国内，并签订契约。这是使用云服务器的区域限定。

## 团队管理常见误区和解决要领

数据工程师是安装环节的主力成员。他们在该环节上付出的努力最多，也大大提升了其附加值。因此，其他成员应配合工程师，为其提供明确清晰的开发目标，不要在解释和处理杂务方面浪费工程师的时间，要为编程的一次性通过提供最大程度的保障。

这个环节出现误区的主要原因是其他成员与工程师的沟通存在障碍。表述不清就会造成预期模型与实际效果不吻合的结果。

如果其他成员对工程师提出的要求不够具体，工程师就很难做出令人满意的程序。如果想让模型预测“客户什么时间与公司签单，从而提高了销售额”，那么数据库中就会有很多和“销售日期”有关的数据。例如，销售合同上与客户签约的日期、合同的日期、产品从公司仓库中提取出来的日期、商品在批发商仓库的入库日期、商品在批发商仓库的出仓日期、顾客仓库的接收日期、检品的完成日期、顾客给批发商打款的日期（详见表5-2）。

可见，仅仅一个“销售额日期”就会包括这么多选项。工程师虽然熟悉数据库中的数据，但只有其他部门的成员才知道这些数据的意义与价值。

**表 5-2　　　　　　“销售日期”的分类**

| 销售日期的定义 | 数据资源 |
|---|---|
| 业务员认为成交后输入公司系统的日期 | 公司业务员 |
| 签订合同的日期 | 公司合同 |
| 合同书上记录的交货日期 | 公司合同 |
| 商品的出库日期 | 公司配送系统数据 |
| 批发商仓库的入库日期 | 批发商仓库系统数据 |
| 批发商付款日期 | 公司经理数据 |
| 批发商把商品卖给顾客的日期 | 批发商仓库系统数据 |
| 顾客仓库的接收日期 | 顾客仓库系统数据 |
| 检品完成日期 | 顾客仓库系统数据 |
| 顾客给批发商打款的日期 | 客户经理数据 |

团队成员必须对目标-实施环节中的各项信息都达成共识，这样编程才不会出错。优秀的工程师只用一行编码就能编写出复杂的指令。

了解项目的目标，讨论机器脑应该具备的功能，把数据耐心地写在纸面上，包括对实施的期待和要求是什么……我们务必对这些环节进行明确的讨论，才能按顺序开展推进。

## 使用数据的正确方法

模型和数据有点像厨具和食材的关系。厨具选用不当就会浪费食材，食材品质恶劣也会影响厨具的使用效果。同理，如果收集不到精心挑选和认真加工的数据，再好的算法也算不出正确的结果。

本书中的机器脑类型部分指出了选对模型的重要性。本节讲的是有关数据的应用须知。

### 常见误区

本节的中心议题是明确数据的功能。

想用现有数据去做些什么的想法是正常的，但不要让这种想法限制了对数据的选择。你可以考虑用冰箱里的食材去做菜，但不能用同样的想法去工作。

如果不能根据目标处理数据，那么数据的收集、使用条件、保存方法在涉及具体的应用、偏差值、错误数据的抽测、计算等格式化方式，以及筛选数据的负责人、加工成本等问题时，就会浪费大量的时间。

那些不懂机器脑原理的人经常会提出“请用来之不易的数据做些有意义的事”的要求。这种要求对生产有害无益。用现有的数据创造出奇迹的事只会出现于电视剧中。

### 解决要领

我们应该从反方向进行思考。首先明确目标，再根据目标去收集数据，即从结果开始反推条件。想在工作中做出成绩，就要思考项目开发需要哪些数据、已有数据能否满足条件；如果不能，就要去外界收集新数据。这才是正确的思路。

抽象的作业不是靠多花时间就能完成的，偏离目标的努力不会有结果。就我的经验来看，在构建机器脑时，70%~90% 的时间都花在了数据的选择与加工上。而且，与机器脑类型选择不同的是，人们无法从一览表中找到合适的数据选项，因为数据有无限的可能性。

筛选数据涉及“探索范围广度问题”，探讨时遵守的铁则是提高探索的效率。这就意味着我们不能从现有数据的角度来看问题，必须从目标出发做逆推算才能提高生产效率。

具体分析请见下文。

## 数据大致可分为两类

可根据机器脑的设计把数据分为两大类，即目标数据和素材数据。表 5-3 就是这两类数据的分类表及其别称。

表 5-3 的左侧是为了实现目标而列出的答案，右侧是为求解答案所准备的材料。拿第一行的“农业”来说，为了求知“明年红酒的价格”（目标），就要通过“葡萄成熟期的降雨量、葡萄收获期的降雨量、葡萄育成期间的平均气温、酒的贮存年份”等条件来做推算。①

---

① 其实葡萄酒的价格是可用下列公式进行推测的。我在引用时发现很多数据和网站中给出的公式都是错的，下面介绍的是奥利·阿什菲尔特（Orley Ashenfelter）推导出来的高精确度计算公式。

葡萄酒品质 = 12.145+0.001 17 × 冬季降水量 +0.061 4 × 育成期平均气温 –0.003 86 × 采收期降水量（资料出自阿什菲尔特的网站）。

表 5-3　目标数据和素材数据

| | 目标数据（别称：目标变数、被说明变数、从属变数、正解数据） | 素材数据（别称：说明变数、独立变数、可能性、特征） |
|---|---|---|
| **农业** | 今年产出的葡萄酒在明年之后的价格 | 葡萄成熟期的降雨量、葡萄收获期的降雨量、葡萄育成期间的平均气温、酒的贮存年份 |
| **金融** | 信用卡交易的不正当交易概率 | 购买商品的金额、使用地点，利用 IP、信用卡持有者的使用限度 |
| **医疗** | 患者罹患的疾病 | 年龄、性别、人种、血液检测结果、本人病历、家族病史、体温、血压和心跳数、自觉症状 |
| **汽车** | 汽车出事故的概率 | 汽车种类；持有者居住地；持有者性别、年龄、人种；过去半年的行程；使用时间段的夜间驾驶比重 |
| **零售** | 会员是否使用优惠券、购买打折商品 | 每个会员的使用情况记录；优惠券种类、打折率；优惠券使用时期；过去不使用优惠券购物的商品、金额、时期 |

葡萄酒也可以做期货交易，如能在把酒桶装之前就推测出价格，对交易就会有很大的帮助。

## 摒弃“瞎蒙”式数据选择法

在做推算时应该用什么样的思路去做设计呢？如前所述，典型的例子就像表 5-3 所示那样，先把表的右栏填满，即从“能用这些数据做什么”的思路去想问题。

其实，从数据出发去考虑问题是人之常情，擅长做分析的高人偶尔也会有这样的想法。我自己也有过同样的经历，所以非常理解这样想问题的人的心情。

而且，领导和同事们见你在拼命地分析数据，也都不忍心去打断你。

实际上，这种分析方法在实践中取得成绩的可能性连十分之一都没有。而且，它会浪费团队大量的时间和资源，导致劳而无功。因此，这种不理解机器脑的本质、一厢情愿地打算用数据去做些什么的想法是不可取的。

我们应该从反方向思考问题。要先把表5-3的左栏填满。拿葡萄酒的例子来说，我们应该考虑的是“想要知道葡萄酒的价格，我得具备哪些数据”。

这种思路才能让数据科学发挥作用。如果你相信奇迹，也可以从右栏开始分析，不过那种做法毫无意义。虽然本书讲的不是“继事创新”实践法，但前人智慧的总结就是通往成功的捷径。希望大家能在继承前人成果的基础上，开创自己的新格局（参见图5-6）。

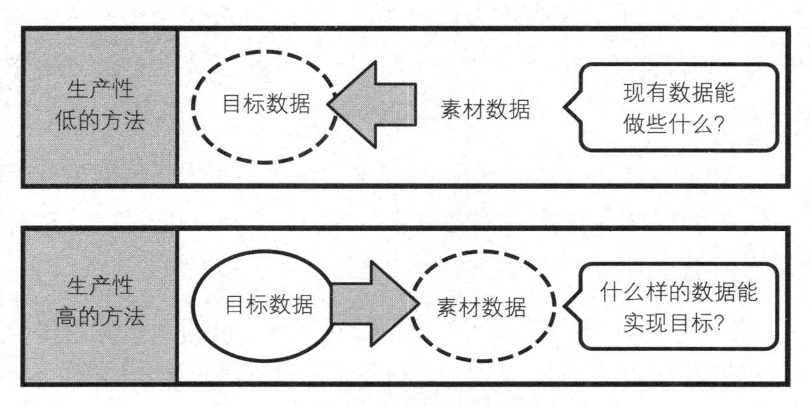


图5-6　选择数据的两种方法

## 选择数据的四个标准

与选择机器脑的类型相比，数据的选择更有创造性。大数据无所不能的说法的确言过其实，你在阅读本书后一定不会相信那种说法。

该如何选择数据呢？在此，我以 iAnalysis 公司策划的某大型网络广告公司的推广方案为例，向你介绍一下选择数据的四个标准。

**大型网络广告公司案例**

该公司的业务是根据访问者的不同需求为之推荐相应的广告。网站的点击率越高，销售额就越高。广告是按照访问者的性别来推荐的。开发者认为，只要能够推断访问者的性别，就能提高点击率。所以，问题的关键就是用什么样的数据才能测得访问者的性别。

在实际的业务操作中，他们先通过其他途径去了解部分访问者的性别，再从访问网站的登录数据中去调查性别的推测正确率是多少。

访问登录也分很多种。网站开发者认为，用户使用的浏览器种类和访问时段对判断性别是没有帮助的。iPhone 用户有男有女，作息时间也因人而异，浏览器的选择不能作为判断依据。

最终，他们决定以页面为单位进行测算。即喜欢访问高尔夫网站的用户多为男性，喜欢访问化妆品网站的用户多为女性。

测试时，他们采用了随机森林算法、决策树算法、逻辑回归算法、GBM、SVM、贝叶斯分类算法等各种方法，但正确率仅为

60%，不尽如人意。就算通过掷骰子去蒙，也能蒙出 50% 的正确率来。最先进的模型算法得出的结果仅比臆测强一点，可见结果是多么糟糕。

于是，开发组开始寻求更有效的方法进行测算。但如果重新与外界交换访问记录的话，就要耗费大量的成本和时间。如果以问卷调查的方式查证访问者的性别，最终结果也许不会很好。最终，他们在确认数据种类后，认为用户在站内检索新闻时的检索记录较为可靠。

检索记录和访问者的账号是以文本数据的形式保存下来的。要利用文本数据构建模型，就需要用自然语言处理领域的专业分析方法，而分析也是要耗费时间的。为了尽快做出成绩，开发组用总计法测算出了访问者的性别。

结果，测算精确度提升到了 95%。比照原先的精确度，现在的错误率相当于 5%。

不过，每天都做总计的话，未必能得出这么精准的测算结果。比如，“6 月 10 日检索词 A 被查阅了 100 次，检索词 B 被查阅了 40 次”，像这种粗犷型的数据是没法测算出访问者的性别的。只有结合检索文本数据中的个人账号，才能推算出访问者的性别。

你从这个案例中得到了哪些启示呢？

表 5-4 列举了在使用各类数据时需要确认的项目。应用数据时当然要广开思路，但这个列表能让我们避开一些明显的错误。你可以结合自己的日常工作，想想有哪些业务可以做预测，再对其进行思考分析。

表 5-4　　选择数据的四个标准

| | 内容 | 网站访问者的性别推定案例中的例子 |
|---|---|---|
| 关联性 | 数据对推定目标有多大关系 | 关联性低：浏览页面、访问时间段、使用的浏览器、访问源网站<br>关联性高：站内检索时输入的文本数据 |
| 数据量 | 数据量是否丰富 | 数据量少：用调查问卷的形式确认少数人的性别<br>数据量多：站内检索时输入的文本数据 |
| 粒度 | 粒度是否细致 | 粒度粗：每天合计的检索词<br>粒度细：各用户账号输入的检索词 |
| 性价比 | 为达成目标所需的必要数据量的粒度是否足够细致，其费用是否在可承受范围内 | 成本高：外部访问登录购买、大规模的问卷调查<br>成本低：自制的数据 |

## 数据选择标准 1：关联性

本节讲的是“数据与目标的关系度”。想要预测葡萄酒的价格，比起酒瓶的包装设计，还是葡萄的品质、酒的供应量更有参考价值。所以，收集时也要关注有参考价值的数据。拿判断访问者的性别来说，比起商品网页的浏览，站内检索的文本记录数据才更真实可靠。

关于网站访问者的性别的推断要点有二。要点一，开发组有真实的访问者性别数据做参考，即表 5-4 左侧的数据。在比较多个模型的正确率时，没有正确的参考数据，就不能做出有效的判断。虽然开发组掌握的只是部分访问者的性别数据，但如果能妥善利用就能取得好成绩。

要点二，开发组把对判断性别起决定性作用的站内检索文本与用户信息匹配在了一起。人们不可能在制作网站时就知道哪些数据对将来的项目有用、哪些没用，所以最初人们也不是很重视此类数据。对此类数据的应用堪称该项目中设计者与制作者的完美合作。数据量大虽然是好事，但数据的量越大、种类越多，其获取和保存的成本就越高。不过充足的备份也能为解决后期出现的问题做强大的支援。

## 数据选择标准 2：数据量

本节讲的是“有无充足的素材数据”。虽然不同领域对数据量的需求是不同的，但人们在设计模型时对数据量的要求是“每个待测算的算法至少需要一百或者几百个数据”。例如，在推测访问者的性别时，因为只有两种性别，所以只需要 100 × 2 的数据量就足够了。

请注意，数据量随算法而变。例如，诊断癌症的图像可分为有病和没病两类。因此，我们会想当然地认为按照这两大类各取 100 个数据就行了。但实际上，肺癌中还有很多子分类。

具体说来，肺癌可分为扁平上皮癌和腺癌两类。而且，CT 拍出来的光片效果图也会形成新分类。由于光片图像有很大的差别，所以归类时必须把这些差异划归为一类。此外，当以性别、年龄、有无吸烟史等类别做分类标准时，要根据病症来分门别类。

医学界经常讨论的问题是“日本医疗机构能否用外国患者的数据制作模型”。拿基因检查疾病来说，就是用美国白人男性的基因数据制作的基因检查切片能否用于日本人的基因检查。大多数病患领域研究都认为：人种不同则基因也不同。因此，想要开发适用于日本人的模型，当然用日本人的基因做数据是最好的。但目前该领域还没有可用的数据量。虽然基因检查切片公司宣称“被广泛应用、值得信赖的基因诊断服务已经登陆日本”，但机器的精准度如何还有待检验。

我们可以假设一个不分人种、检查精准度无差别的特定疾病领域。此时，过去的数据就能变身成有价值的新资源了。可见，医学界的数据科学应用还是相当复杂的。因此，如果不对内容进行严谨的思考，我们也会陷入数据量的应用误区。

## 数据选择标准 3：粒度

本节讲的是“数据粒度和目标关系”。“粒度”一词并不常见，它是数据的精密度指标。让数据粒度变小有两种方法，即测定密度和组合。

测定密度的定义如下。拿网站访问量来说，“一年的访问量为 1 000 万 PV”的说法就是粗略的。而“一年的 PV 从 1 月 1 日 0:00 到 12 月 31 日 23:59 这一期间，以分钟为单位进行排列，就能得出更精准的密度测定结果”的说法则比较细致。数据粒度不同时，通过把单位精进到日期、小时，也能增加可推定的对象的量。

音乐剧《吉屋出租》（*RENT*）的主题曲《爱的季节》（*Seasons of love*）有句歌词写道“525 600 分钟，一年的时间是如何计算的？”可以像把一年的数据分解成 525 600 分钟那样，细化一分钟内的数据，也就是说 525 600 是粒度细化的结果。虽然从情感的角度来看，这样的细化没有意义，但我们可以从测定密度的视角来收集数据，这个例子就相当于把一年这段时间都给细化了。

组合是把不同的数据搭配在一起，对问题做出多维度的解释。拿推测网站访问者的性别来说，开发组没有用检索词来收集合计数据，而是把用户账号和检索词同时保存下来进行测算。这样一来，即使是相同的检索数据（比如,“领带”“礼品”），如果与追加数据组合在一起的话，也能达到数据粒度细化的目标。就网站的访问量来说，谁在哪里、用哪个浏览器访问网站，有了这些数据就能细化粒度，提高精确度。

**表 5-5　　网站访问数据做细化处理的两种方法**

| 细化粒度的方法 | 例子 | 数据样本 |
| --- | --- | --- |
| 细化所收集数据的单位 | 每分钟网站访问的收集 | 1 月 1 日 00:00=25PV 12 月 31 日 23:57=55PV<br>1 月 1 日 00:01=11PV 12 月 31 日 23:58=80PV<br>1 月 1 日 00:02=18PV 12 月 31 日 23:59=31PV |
| 增加总收集对象的组合 | 访问网站时的用户账号、访问地区、浏览器等信息收集 | A 某 东京都 iPhone Safari 30PV<br>A 某 大阪府 iPhone Safari 2PV<br>B 某 京都府 Mac Safari 15PV<br>C 某 夏威夷 Android Opera 11PV |

综上可知，“保存检索记录”这种操作也会让粒度产生巨大的差别。“按月份的检索词进行收集得出的结果”和“按带有用户账户的访问地、浏览器、时间戳等收集数据得出的结果”对后期设计的影响是不一样的。

数据应该细化到什么程度呢？这取决于要推定的目标变量粒度。假如想要测定信用卡在网购时遇到诈骗的概率，只知道去年的总诈骗次数是没用的。细化推断时，必须掌握购买的商品、单价、个数、交易店铺、访问源 IP 地址、以秒为单位的时间戳等数据。只有把数据细化到这种程度，才能得出有效的测定密度和组合。

粒度细化会让数据量变大。以访问者常用的服务、App 和经常购买商品的便利店来说，把所有的原始数据保存下来就能获得庞大的数据量。当然，这也需要相应的资源保存和时间。也有“把用户数据保存下来需要四天，解压需要七天”的情况。这种数据是没法立即使用的。

可以先把原始数据尽量保存下来，再把其中对推定有帮助的数据标注出来，划分等级，然后把此类数据进行定期收集、保存。在工作方向和有用的数据发生变化后，收集程序也要同步更新。这种方法虽然看上去很麻烦，但却最有效。

## 数据选择标准 4：性价比

最后一个问题是性价比。如果能在项目中推测目标的指标，就能得知会出现多少反弹，以及相应的数据和准备成本，并能有针对性地筛选数据。此外，还要考虑是否有更低廉的渠道能够获取数据。

在开发项目时，数据当然是重要的，但为了寻找合适的新数据而耗费成本，也确实劳神费力。我在咨询会、学术研讨会上也经常能听到各企业的员工抱怨因缺乏数据制作费而无法开展工作。

首先，我们用数据科学开发项目不是为了分析数据，而是为了测得结果。不过，有些人对做事的方法存在误解。其实，即便是与数据科学有关的项目也不意味着团队只能用数据分析法进行作业。

如果公司不想耗费成本，你可以向领导介绍在数据科学应用上做投资的好处；可以召开提高员工对数据科学认知的讲座；可以设计短期见效的性价比高的小规模实验性提案，再争取部分预算、组织活动就可以了。毕竟，所有的项目都需要对性价比做出说明。

上述方法对大多数人来说都不便操作。而且，很少有能把“项目的性价比”“投资数据的理由”等问题向领导讲清楚的人。了解数据的种类、量、粒度和数据库硬件，能够推进知识改良的人才更是凤毛麟角。人才匮乏的原因是近几年数据解析的发展速度太快，很少有人能跟上时代的步伐。但根本原因是“不在其位不谋其政”的思想，让人们对专业外的事物难有更深入的了解。

反之，能掌握上述两方面的人就是非常有价值的稀缺人才。经常有公司希望我给他们推荐相关领域的人才。懂得模型具体理论的项目带头人、能够调度资金的数据科学家都是非常抢手的人才。虽然我们不能在短时间内学会全新的思考方法和相关技能，但努力提高自己总比坐以待毙强。你可以加强与其他“身怀绝技”的人士沟通合作，只要能让项目成功，什么样的努力都值得去尝试。

如果你是一位数据科学家，你可以多关注一下性价比方面的问题，估算项目需要多少资金。如果你是一位项目负责人，你可以多关注一下推测对象、亲和性高的数据以及加工方法，并在模型具体理论方面多下功夫。

知易行难，接下来我会介绍几个可行的实践方法。

对数据科学一窍不通的人只要对数据的定义有一定的认知，就能像专家一样讨论问题了。就销售日期的定义而言，“销售日期”这种说法是很含糊的，是指合同上的签约日期还是其他与销售有关的日期？如果你是生产商，那么“销售日期”就包括商品的出仓日期、经销商将商品入库的日期、经销商完成检品的日期、经销商的付款日期、经销商的商品出仓日期、顾客仓库的入库日期、完成检品的日期、付款日期等众多备选项。一个“销售日期”就如此复杂，可见数据知识的学习的确困难（表 5-2）。但是，如果你能习惯性地对数据定义有所关注，那在短期内，你在这方面也会有所进步。

最后，我再对廉价数据，即常被人们热议的公开数据做一点补充说明。虽然大家很关注免费数据，但就我的个人经验而言，日本的公开数据还没有作为商业数据使用的价值。虽然我也对数据领域的未来发展充满期待，但由于现阶段的情况不尽如人意，所以建议你不要依赖公开数据去制订工作计划。

## 可用数据和不可用数据

哪些数据是可用的呢？拿硬件数据来说，用传感器做传输能收集到大量的数据，但并不是收集上来的数据都能用。数据中往往存有一些不必要的“杂质”。

筛选数据有三个标准：时间（数据的收集时间）、均质性（不含杂质的数据）、质量（数据的误差是多少）（见图 5-7）。必须根据上述三个标准筛选数据，否则分析出来的结果可能是无效的。经过初步的分析，如果你发现数据有误且必须修正，一定会感到很失望吧？那么，究竟该如何进行数据筛选呢？

首先要考虑数据的收集时间。一旦收集时间有变，则后期的抽样数据的性质可能会与先前的不同。如果用新模型去计算老数据，得出的结果就会不准确。

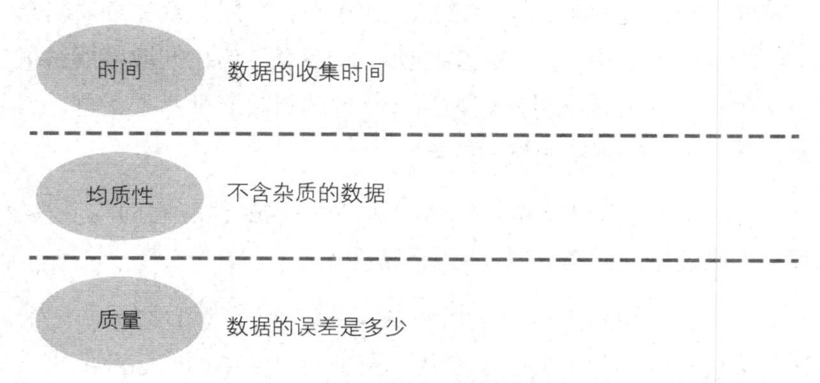


**图 5-7　筛选数据的标准**

拿网站建设来说，不能用更新前的老数据去测算更新后的模型。拿验血数据来说，服用试剂或检查切片前的老数据不能和后来的数据混用在一起。再如，机器构造一旦发生变化，那太阳能配电盘和电量买进的销售预测就会受到很大的影响。

想要在工作中做出成绩，就要讨论哪些数据对后期工作有用，并确定数据的收集时间。包括数据获取时间在内的“从数据定义出发”的操作方法虽然看上去很落后，但其实却是筛选数据的基础和重要步骤。

其次，要注重同期数据的均质性。做分析用的数据不允许“杂质”的存在。就拿访问网站来说，即便收集到的都是更新后的数据，那些只看雅虎头条新闻的访问者的浏览行为和其他访问者也是不一样的。不注意这些问题根本就无法得知访问者的兴趣点在哪里，也就无法对症下药地做下一步策划。

再举一个医疗领域的例子。在分析某疾病的罹患率时，除了疾病的生理特征，还要知道疾病是如何被发现的、什么样的社会环境和医疗环境易于做病症认定。近年来，美国儿童注意缺陷与多动障碍症（ADHD）的罹患率增加了1.3倍。有的州政府能给罹患这种疾病的儿童支付家庭补助金，有的州政府则不予支付，因此，数值上才出现了明显的差异。

可见，在收集各州的疫学数据时，一定要注意它的均质性。那么，医院里的检查数据就完全可信吗？

其实，看似均质性高的医疗数据也不是无懈可击的。比如，试剂或测量仪器如果发生了变化，则患者血液中的胆固醇值也会发生变化。近些年的临床研究是不承认这种不能保证数据均质性的数值结果的。因此，在收集数据时，我们必须要考虑它的获取环境和获取方法。

## 用80%的时间整理数据

最后，我们来谈一谈数据的质量。与数据分析教材中的数据不同，现实中的数据总是充满了各种错误。即便是管理严格的医院也有测试数据和虚假数据。有些数据的错误是点错小数点造成的。比如，成人的身高不应该是“16.3厘米”，而是“163厘米”。像这样的错误还是很容易发现的。但验血数据一旦出错，人们就不好推知出错的原因了。血液数据有可能出现10倍、100倍、1 000倍的变动范围检查值。而且，数据中还有数量虽少、但影响大的离群值。把有问题的数据调整成适合做分析用的数据的作业叫作数据整理。

一般来说，数据分析中近80%的时间都会花在数据整理上了。没有数据分析经验的人会把这项业务误认为“剔除垃圾数据就行了”的简单操作。但实际上它是一套对综合判断有较高要求的业务。由于它的完整度会直接影响分析结果，所以一定要谨慎行事。

拿手游用户的数据来说。在分析用户的身份和特征时，我们假设大部分用户一周登录1~10次，极少数用户登录一万次。在这种情况下，要把登录一万次的用户数据视作杂质而剔除吗？

这就要看分析的目标是什么了。如果目标是“为了通过分析初级玩家和中级玩家的特征，把初级玩家培养成中级玩家而变更游戏”，就可以对登录一万次的用户信息忽略不计。在这种情况下，把登录次数的离群值设为1 000次以上还是100次以上，都要视目标而定。具体的设定方法应该由数据科学家和数据管理者在讨论后决定。

如果目标是“分析付费的骨灰级玩家和一般玩家的特点，以便发展更多的付费玩家”的话，就应该积极地利用“登录一万次”这样的数据了。因为这种数据代表我们要研究的对象。

## 缺失数据的处理方法

缺失数据不是离群值，而是缺少的数值和输入错误的数值，以及因无法合理解释数据测定理由而被剔除的数据。

对这种数据置之不理就行了。如果把身高写成了“16.3厘米”，我们还会想到“是不是应该写成163厘米”，但如果把身高写成“31.5厘米”怎么办？解释这种数据是需要时间的，我肯定不会把宝贵的时间浪费在这种数据上。与其提高它们的准确度，不如去处理有利于项目开展的其他环节。[1]

统计学有专门研究缺失数据的领域。专家们认为："随机缺失的数据不会给分析结果造成影响。"由随机输入错误产生的缺失数据也不会影响最终结果。就我个人经验来看，如果缺失数据仅占全体数据的5%~10%，那就无伤大雅。

不过，处理数据不严谨就和造假无异。为了避免这种情况的发生，我们在处理包括缺失数据在内的所有数据时，都要做好"谁在什么时候处理的什么数据"的备份。

## 实施贵在连贯性

实施是制作机器脑的最后一个环节。它也是误解最多、重要性最容易被人低估的部分。

实施是指机器脑在企业的应用情况和为实现目标而进行的具体操作。

以下是出岛等三人就在实施过程中有可能出现的风险和解决方法所做的讨论：

**出岛：**决定权在越南工厂的生产管理部门那里，如果他们不认可，机器脑就无法应用。

于是，他们在选择机器脑类型时得出了应该提高解释容易

① 在药品试验流程中，缺失数据是不会被忽略不计的。参与试验的人必须记录清楚缺失数据的具体处理方法，并提交当局谋求批准。这里介绍的是为了提高分析数据效率而采用的时间分配技巧。

度，并可适当地降低精确度的结论。

但在处理肺癌检测图像诊断算法时：

**出岛：**只有在所宣传机器的判断精确度不低于经验丰富的医生的判断时，院方才会购买仪器。

于是，他们就提出了借给院方不会死机、能够高速处理数据的PC使用方案。

上述案例的通过都非常顺利、非常理想。实际上，团队花费很长时间制作的模型在现场可能并不好用，甚至需要反复修正。如果不听取反馈意见，强行使用效果不佳的机器脑，可能会招致他人的反感与厌烦。

为了让机器脑实现设计目标，首先就要确认如下问题：机器脑与团队成员有什么关系；他们能出于什么原因接受机器脑；谁会以何种方式监视机器脑的运行；预计的风险和解决方法应该在哪个时间点实施。

## 常见误区

实施环节中存在两个常见的误区。

误区一，负责人从一开始就轻视实施环节的工作。我在咨询会上时常会听到数据科学家们发出如下抱怨："虽然我制作了一个很好的模型，但其他同事却不理解它的高妙之处，最终方案被雪藏了。"虽然失败令人感到很遗憾，但值得注意的是，此人竟把失败的原因归结为同事们不识货。实话实说，模型再怎么精密，如果机器不能投产的话，那就毫无价值可言。这样的教训总结，既不利于负责人的成长，也不利于市场价值的创造。其根本原因在于负责人不注重基层实际工作，认为同事们的理解能力差。

其实，机器脑的模型并不是一切。模型的优势不是计算精准度，而是它能为解决问题做出的贡献。数据科学家的抱怨就像是给大众化的汉堡连锁企业提供设计精良的牛肉菜单一样，驴唇不对马嘴，所以他才会有怀才不遇之感，认为："用最好的牛肉明明可以制作出最好吃的汉堡，但他们却不采用我的提议，他们根本就不懂专业！"由于这样的数据科学家缺乏让模型在现实工作中实现价值的想象力，所以他们才会遗憾辞职。

想要获得把想法变成现实的成就感，就要让数据科学家转变思想，让他们认识到锲而不舍的交流与沟通，与目标-数据等环节具有同样重要的意义。

误区二，团队设计失败。这不是数据科学家的问题，而是管理者的问题。即便团队理解实施环节的重要性，并给同事们做了关于机器脑的知识启蒙，但如果没人愿意出钱购买的话，那机器脑最终还是没有用武之地。这种问题在那些部门间缺乏沟通的大企业里可能很常见吧？如果各部门只顾钻研自己的领域而不注重与其他部门联系，那最终将会导致目标失败。

然而，实施是某个负责人和个别部门无法独立完成的工作。有些读者可能会为不被消费者和顾客市场所认可的管理方案感到失望。

其实，我们可以通过改组领导班子、打破各部门孤军奋战的状态来促进实施环节的进展。

拿小松制作所研发的用数据提高附加价值的康查士系统来说，在该系统创建之前，制作所里的研究、开发、生产、市场营销等各部门都还处于高度分化的状态。这也是在应用数据时不得不首先解决的组织管理问题。当时，负责人提议由社长牵头组建一个独立的建机部门。此后，他们就制作出了使用连贯数据的康查士系统（提案以及在实施环节中的主要负责人是安崎先生，他在后期出任了小松制作所的社长）。

## 解决要领

注意，实施环节和其他环节同等重要，绝不可以低估它的重要性。机器脑的应用很少能一次成功，其试行经常失败。实施过程中需要人们不断交涉、改进工作方法、做好充分的心理准备。为了让成员们接受数据具有不确定性的事实，领导者应该明确成员们的业务责任。

如果把本书视为应用数据科学的教科书可能有些夸张，当然，本书讲的也不是经营论、组织论。不过，制作机器脑的过程确实能让我们发现经营管理方面存在的漏洞。

以下是实施环节的具体操作方法。

## “实施”是数据的特种格斗术

为保证实施环节的顺利开展，负责人需要考虑哪些问题呢？就我的经验而言，团队的业务负责人、数据科学家和数据工程师必须把握好目标方向（虽然也有一个人就能处理这些工作的情况，但这样的成功是不可复制的。我在此提倡的是在众多企业都能通用的方法）。

业务负责人、数据科学家和数据工程师的工作经验、人脉资源、兴趣以及关注点都是不一样的。所以，他们在合作时可能会出现“貌合神离”的问题。其解决办法就是让三人共享用准确的语言表达的纲要，并随时更新纲要内容（详见表 5-6）。

**表 5-6　为让机器脑开发顺利进行，团队共享的工作表**

| 项目 | 表述要点 |
| --- | --- |
| Ⓐ<br>Aim：<br>目标 | • S Specific：具体的目标<br>• M Measurable：可测定的目标<br>• A Achievable：可达成的目标<br>• R Relevant：有相关性的目标<br>• T Time Bound：假设期限的目标<br>比如：<br>（手段）如何做<br>（对象）处理对象<br>（数值标准）达到某数值后如何处理<br>（时限）工期<br>（制约条件）特定条件对目标的影响 |
| Ⓑ<br>Brain：机器脑的类型 | • A Accuracy：精确度。结果的精确度是否达到了预期值<br>• I Interpretation：解释容易度。结果是否容易解释<br>• C coding/Construction：编程操作、安装考虑机器脑的构造、安装方法、在体制中的实用性和便宜性，以及具体的处理方法<br>• S Speed：速度。从收集数据到能用算法处理工作所花费的时间够不够短？算法的处理速度是否够快？数据量增加后，处理速度会不会受到影响 |
| Ⓒ<br>Coding/Construction：<br>编程作业、安装 | •使用某种编程语言和数据库的理由<br>•使用某服务器的理由 |

续前表

| 项目 | 表述要点 |
| --- | --- |
| Ⓓ Data：数据的选定和整备 | •目标数据和素材数据是什么<br>•“原数据”的选择根据是什么<br>R Relevancy：关联性<br>V Volume：数据量<br>G Granularity：粒度<br>C Cost Effectiveness：性价比<br>•记录清理数据的处理规则、缺失数据等问题<br>•时间（数据的收集时间）<br>•均质性（不含杂质的数据）<br>•质量（数据的误差是多少） |
| Ⓔ Execution：实施 | •耐心地把项目用语言表述出来，与团队全体成员共享。适时地对内容进行更新<br>•写出与机器脑有关的团队、参与者、现状和需求、导入机器脑时的预期风险和对策等 |

注：此表需记录最低限度的共享内容，以及随时更新的必要项目。

例如，用英文单词的首字母缩写成的 SMART 完整地描述了人们对目标的理解，即具体的目标（S）、可测定的目标（M）、可达成的目标（A）、有相关性的目标（R）、假设期限（T）。

写好之后，要把它拿给上级领导和假设期限的目标现场工作人员等项目决策者看。征求大家的意见与协助是让项目顺利开展的第一步。这样做不仅能够征集到意见，还能壮大支持者的队伍。

目标开始多与管理层的意见有关。有时，你可能做了很多解释，但领导却只用一句“似乎对公司业绩没什么帮助”就否定了你的努力。所以我才建议你用 SMART 法去精确展示你的策划目标。如果这种方法也不能让你解释清楚的话，那就证明表达与目标不符，必须考虑其他方法。只有反复实验，不断修改，你才能知道“哪些事是该做的”，才能拿出让领导觉得可行的提案。

确定目标之后，就可以用语言把其余步骤表述出来了。

在描述机器脑的类型时，包括非理科专业的负责人在内，成员们应根据下列四条标准去测量机器脑类型是否选择正确，并写下模型选择的合理性：

- 精确度（A）：结果的精确度是否达到了预期值；
- 解释容易度（I）：结果是否容易解释。
- 编程作业、安装（C）：考虑机器脑的构造、安装方法、在体制中的实用性和便宜性，以及具体的处理方法。
- 速度：（S）从收集数据到能用算法办公的耗时情况如何？算法的处理速度是否够快？数据量增加后，处理速度会不会下降？

如果公司有专门的项目办公室，你可以把上述问题写在一个大画板上。如果没有办公室，亦可将之悬挂在离你最近的位置。这样，其他同事也能看到这些问题，说不定他们还能给你提出有价值的建议呢。

机器脑的试行也有失败的可能。如果把项目开发工作强加于人，肯定会招致同事们的反感。但如果让他们看到团队正为提升解释容易度而努力工作，他们也许会乐于配合。虽然数据科学给人一种枯燥乏味的印象，但其最终实现还是要靠人来完成的。所以，“人和”对目标的推进也有很大的影响。

你还记得编程作业、安装（C）环节的要点是什么吗？

- 编程语言和数据库的选择必须有确凿的根据。
- 不要被没根据的不安所困扰，不要去管不合时宜的公司方针，在正确理解法令的前提下选择最适用的服务器。
- 是否依赖团队，其他成员是否持有误解。

编程虽然是工程师的事，但当程序编写出来之后，不少人会事后诸葛亮般地挑剔道："公司用的是JAVA系统，与其用P语言编写程序再修改，不如当初就用JAVA处理。"可见，把编程语言的选择理由明确地写在纸上是很有必要的。因为一旦出现人事变动，其他人如果能了解编程情况，那么工作一样可以照常进行。否则，人事变动就会成为项目推进的阻力。

有人认为把随时变化的业务内容都记录下来是不可能的。由于工作中存在很多错误，所以做记录对于实验来说就是有价值的。并不是让你把所有的决定都写在纸上，但重要的决定绝不可以黑箱子化。

描述数据是为了让我们明确收集目标数据需要准备哪些素材数据。在思考问题时不要从"现有数据"出发，而要从目标出发。应该从关联性、数据量、粒度，以及性价比等方面做逆运算思考。

上述标准可以对原数据的妥当性做出解释。如果原数据不可靠，那么后期的数据收集、清理、分析等作业也会毫无意义。数据的选择和整理如能顺利进行，团队就能节省不少时间。不要以"数据是项目初期的工作"等含糊的理由去应付工作，要把理由清晰地写下来。

数据确定后就可以整理数据了。应根据时间（数据的收集时间）、均质性（不含杂质的数据）、质量（数据的误差是多少）等观点整理数据。在此基础上制定筛选数据的规则，具体规则应和同事们一起讨论商议并写出来。实际的数据处理结果也要保存下来。

筛选数据是一项非常基础、非常漫长的工作。虽然很多人不想在这个环节耗费时间，但如果数据不够准确的话，从设定目标到编程的所有努力就会白费。这就像一名厨师只有宽敞的厨房和上好的厨具，却没有极佳的食材，一样做不出好菜来。在确定筛选数据的方法（How）时，大家可以再次确认数据的选择目标（What）和原因（Why），并一鼓作气攻克难关。

在对实施环节进行描述时，首先要把从目标到数据的主要论点和现阶段结论写出来。有人可能觉得“不用写，大家都懂”。可实际上，每个人的理解能力是不一样的。过程中也许会有新的发现，所以还是写清楚比较好。

机器脑在公司内部的被认可程度和实施步骤等固有的部分是要写出来的。虽然团队规模和机器脑的类型各有差异，但我们依然可以在小组中就相关团队、参与者、现状和需求、导入机器脑时的预期风险和解决方法等问题进行讨论，并把最终结果落实在书面上。反复推敲表述语言就能像出岛等人那样通过讨论得出答案了。

# 第6章
# 如何组建制造机器脑的团队

- 数据科学家给人的印象和实际形象
- 团队应用数据时必不可少的三项分工
- 培养人才的注意事项
- 导致合作失败的原因
- 发掘公司里的璞玉浑金
- 不懂数据科学怎么办

## 数据科学家给人的印象和实际形象

前文中提到的案例都很新奇。就连经常与数据科学打交道的我，在初次接触这些案例时，也会为它们的着眼点和实施方法感到惊奇。

你可能认为只有少数天才才能做出这种化腐朽为神奇的创举吧？为了纠正你的想法，本章将为你介绍我们对数据科学家的一般印象和他们在实际工作中常用的思考方法。

数据科学家是当代社会的稀缺人才，很多企业都展开了对此类人才的争夺战。《哈佛商业评论》杂志把数据科学家称为“21 世纪最有魅力的工作者”。美国《财富》杂志报道称，在所有的 58 个专业学科中，计算机系统工学专业的大学毕业生的初薪能达到 85 000 美元，是仅次于医学专业毕业生的工资第二高的职业（如表 6-1 所示）。可见数据科学家在人才市场上是多么地抢手紧俏。

数据科学家的实际收入可参考美国 H-1B 签证（特殊专业人员 / 临时工作签证）的相关资料。不同企业和岗位公布的薪资待遇是不同的。虽然没有数据科学家岗位的分类和定义，但他们的大概收入是年薪 10 万~15 万美元（如图 6-1 所示）。著名的在线视频服务公司奈飞为数据科学家提供的年薪也超过了 20 万美元。2016 年时，有 178 人申请了相关领域的工作签证。

综上所述，很多人都会认为数据科学家有天才般的专业技术和业务能力。

**表 6-1　美国大学各专业的平均初薪**　（单元：美元）

| | | |
|---|---|---|
| 1 | 医学专业 | 100 000 |
| 2 | 计算机系统工程学 | 85 000 |
| 3 | 药学 | 84 000 |
| 4 | 化工学 | 80 000 |
| 5 | 电气电子工程学 | 75 000 |
| 6 | 机械工程学 | 75 000 |
| 7 | 航天工程学 | 74 000 |
| 8 | 计算机科学 | 73 000 |
| 9 | 生产工程学 | 73 000 |
| 10 | 物理天文学 | 72 000 |
| 11 | 土木工程学 | 70 000 |
| 12 | 电气电子工程学技术 | 66 000 |
| 13 | 经济学 | 63 300 |
| 14 | 财务管理 | 63 000 |
| 15 | 机械工程学技术 | 63 000 |

媒体也把数据科学家吹得神乎其神。在美剧《数字追凶》中，哥哥是 FBI 探员，弟弟是天才的数学家。弟弟能用数学知识预测犯罪，解决疑难事件。

数据科学家是如何解决问题的、使用哪些数据、用什么样的模型做处理、如何编程、如何指挥搜查组工作……你可以从前文的目标－实施框架体系寻找答案。不过，人们还是把数据科学家想象成了超人。

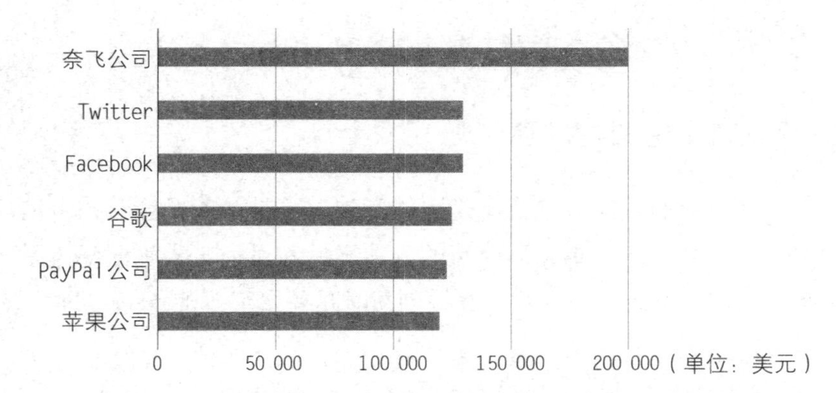


**图 6-1　2014 年美国各企业给数据科学家开出的薪金中间值**

资料来源：美国外籍劳工认证办公室（Foreign Labor Certification），由作者加工整理。

## 高手就在身边

很多企业因为招聘不到天才的数据科学家就放弃了创建组织的构想：

“我们公司也想用数据科学开展业务，但人才问题成了发展的阻力。”

“只有数据科学家、数据学博士来公司工作还不行，我们还需要懂业务、有 IT 知识或能够辅助二者工作，能够领导他们工作的人。”

“我们也想积极寻找此类人才。”

“上哪里才能找到这样的人才呢？”

你是否也经常遇到上述问题？的确，人才匮乏确实不利于数据的应用，但如何解决问题才是我们应该关注的焦点。没有人才就不能用数据办公的观点是错误的。下一节为你介绍的就是非比寻常的思考方法。

## 团队合作也能做出成绩

企业中的数据科学应用是团体竞技，不是个人全能竞技。请回顾一下第 2 章 ~ 第 4 章介绍的成功案例和目标 - 实施框架体系中的内容。由此可知，我们在搞创新时是要做很多准备工作的。

做记录和备份也不是一个人就能完成的。所以，能够像超人一样把以下所有的工作都独立完成的人才在现实中是不存在的：

- 了解公司现状；
- 寻找能得到顾客的肯定并能为公司带来附加值的项目；
- 为做实证而进行的内部讲解和对人力、物力资源的调动；
- 在合法的前提下寻找解决方法并评价该方法；
- 设计适合顾客参与的环节，邀请顾客参与；
- 选择、导入技术，并收集数据；
- 数据标准化与数据库整理；
- 选择算法；
- 模型的系统化与修正；
- 实验监控与轨道修正；
- 结果评价、为在全国推广进行资源调查；
- 构筑保守体制，训练团队；
- 对实施小组做说明，让大家领会工作目标。

假如有这样一位人才——他有超强的业务能力、擅长编程做统计、有领导组织的能力，就像电影里的超级英雄一样万能。

可就算是让超级英雄不吃不喝地去完成这么多工作，也是需要时间的。而且，世界上著名的大公司也会向这样的人才纷纷抛出橄榄枝。他有这么大的本事甚至可以自己创业。超人是不可能推掉大公司的邀请，来小公司的。

我们必须放弃幻想，共享各阶段的结果和决策，理解各自的分工范畴，打造与各部门都能合作的团队，进行可复制、可实践的探索。

即便忽略极端个例，很多人事部门的负责人还是希望能招聘到身怀绝技的超人员工。正因为他们总有这么天真的想法，所以才总是感慨无人可用。招聘数据科学家时对“应聘者能力的期待值”和“实际录用率”是成反比关系的。

## 团队应用数据时必不可少的三项分工

在放弃寻找超人员工的幻想后，我们要通过明确并细化每个人的职能，创建全体成员的共同语境，把大家组成一个有机的协作团队。

很多文献已经列举出了数据学者应该具备的工作能力。例如，在机器学习方面著有多部论著的德鲁·康威（Drew Conway）曾指出：“想成为优秀的数据科学家，就必须具备工学、统计数理学方面的知识以及处理业务的工作经验。”图6-2是描述这三种能力的文氏图。

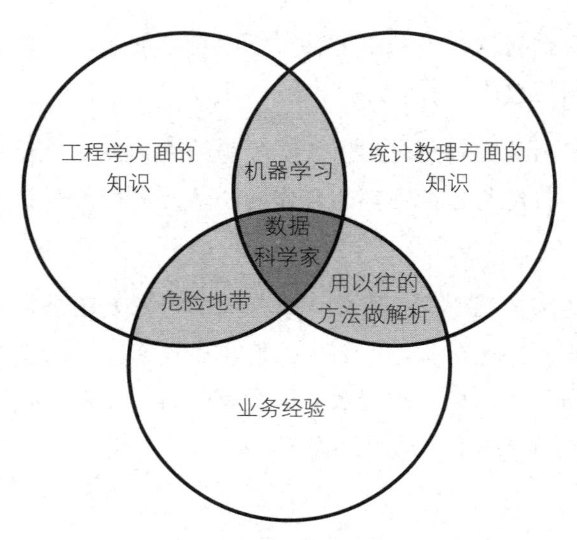


**图 6-2　成为数据科学家的三个条件**

注：德鲁·康威指出，这三种能力即便只缺少一种，也会出现“只能用以往的方法做解析”“不能找到适用的数理统计方法”“只会机器学习的编程方法”等不尽如人意的表现。

可如果我们真的按图索骥，那么结果一定是令人绝望的。这样的人才都是通过在自己擅长的领域不断自我提升，才能做出令人瞩目的成绩。如果想让他们为你的公司效力，除非证明你的公司比谷歌和 Facebook 等大公司更有能让他们施展拳脚的舞台。

由 O'reillystatic 发布的《分析分析师》报告（*Analyzing the Analyzers*）曾对数百名不同岗位、拥有不同技术、工作经验的人做过有关数据科学的调查采访，并总结出了数据科学家应具备的能力。这份报告还以对数百名实业家的调查数据为依据，在确认数据科学家对“业务理解”“机器学习 / 大数据处理”“数学 / 经营研究”“编程”“统计”的掌握程度后，把他们分成了四类人才（见图 6-3）。

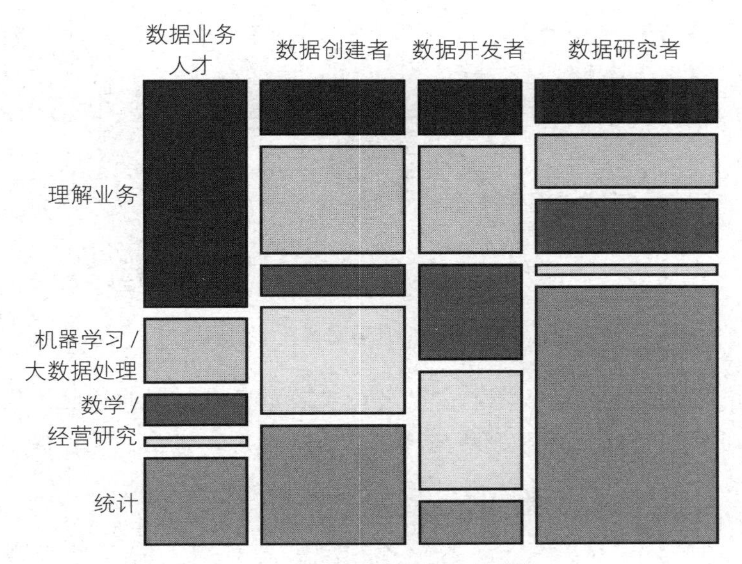


**图 6-3　四种类型的数据科学家**

注：竖轴为数据科学家必要的技能（“业务理解”“机器学习 / 大数据处理”“数学 / 经营研究”“编程”“统计”）；横轴为以技能比例为标准划分的各类人才名目（数据业务人才、数据创建者、数据开发者、数据研究者）。

“数据人才应具备的能力”的知识能力分布图对数据科学家提高自身能力是有帮助的，但对人事处招贤纳士是没有意义的。

“数据科学家也分很多种类”是从人才招聘、培训、团队构成等方面进行介绍的。这种想法较为务实。因为人各有所长，所以招聘时不必要求应聘者对业务、机器学习、大数据理解、编程等知识样样精通。

那么应该如何看待这些数据科学家所需具备的能力呢？上述能力解析对讨论技能结构是有帮助的。但如果只想了解数据科学团队的构成关键，那么只需看懂图 6-4 就可以了。

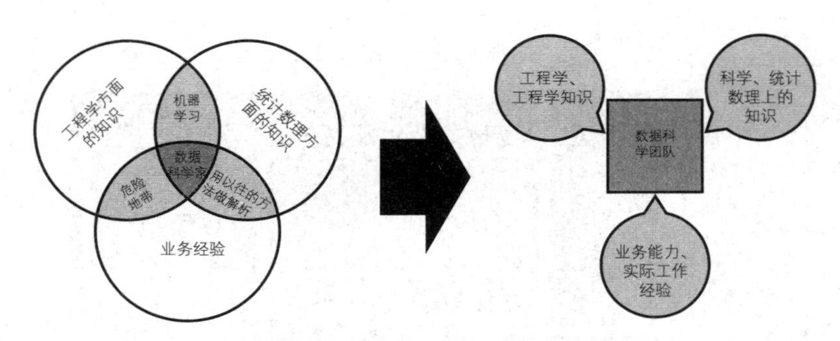


**图 6-4　要组建团队而不是寻找数据科学超人**

我在前文介绍了团队中的三位主要负责人，即业务分析负责人（数据 GM）、数据科学家（不是超人数据科学家）和数据工程师。这三位负责人也能体现出构建机器脑的基本步骤。

他们不仅了解自己的业务领域，还对别人的业务也略知一二。比如，如果理科硕士能懂编程的话，则证明他对“科学”和“系统”都有所了解；如果 SE 人才去处理业务，那么他就会理解“业务和系统”两方面的知识。从招聘、培训和派任务的角度来看，平衡科学与系统（包括编程和服务器等内容）的关系，对创建数据科学团队也有重要的意义。

那么，上述人才都具备哪些特征呢？如何才能招募到这样的人才呢？以下是我对各类人才基本形象的描述，希望能够为你的工作提供参考。

**数据 GM（大数据事业部经理）类人才**

数据 GM 是以开拓市场、提高利润率为目标，在与数据科学家、数据工程师保持密切交流的同时，把控项目全局的人才。他们和业务部、市场营销部以及公司管理层保持着紧密的联系。他们本科主攻理科方向，硕士期间获得 MBA 证书，做过顾问；在业务部、企划部有五年以上工作经验的工程师、程序员都是此类人才的不二人选。

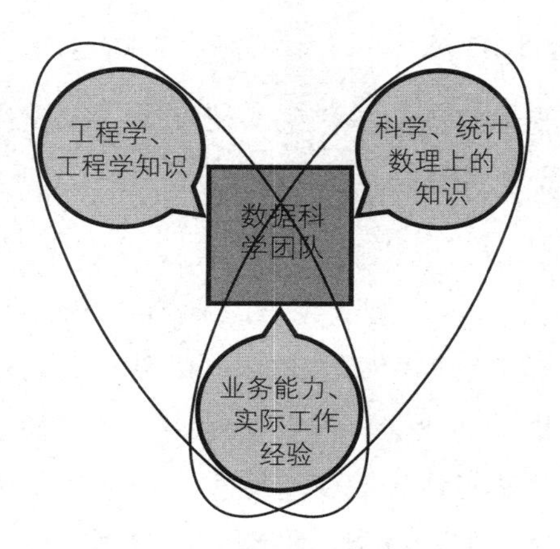


**图 6-5　数据 GM 人才**

此类人才主要负责公司的经营。由于数据 GM 人才在 MBA、业务咨询、客户接待方面经验丰富，所以他们在比较众多公司的工作方法后会发现更多的机会。他们对数据项目目标的可行性有着敏锐的判断力，能看出某个项目是否具有开发价值。那种只把数据项目当作 IT 部门的工作，却不认为它是高层管理课题的领导是找不到优秀的数据 GM 人才的。

组织过多个数据项目的人不仅能认识到数据项目在今后的竞争中的重要性，还知道数据项目在现存组织中推行的难度。他们会热衷于参加跨界学会，并抱怨“我所在的公司是一家传统型企业，想说服同事们做数据项目特别困难”“我在开导大家之前都会先给他们科普数据库知识”“公司特别看重新项目的性价比，比预想要严苛得多”。

在招募优秀的数据 GM 时，必须有高层领导的参与和关注才行。

**数据科学家类人才**

此类人才在应用与统计、机器学习相关的科学思考法和工具时能够为团队提供理论支持（但他们不是超人）。

有统计专业学位证的本科生、研究生，以及在科研机构从事大数据工作的研究员都是此类人才。

在招聘活动中，人们多把他们定义为会用统计学做收集计算、写报告的人才，以及能用 Hadoop 或 Mahout 等工具做基本的假说验证或理解数理模型的人才。可见，人们对此类人才的理解并不一致。我说的数据科学人才是能为保证科学思考方法的正确性和数据优化而提供理论支持的人。他们要了解编程是怎么回事，但却无须具有编程技术，也不必承担实际的编程工作和系统安装工作。

日本还没有专门开设数据学科，人们多是在医学、药学、数学、农学、经济学、工程学等领域的统计解析课上进行相关学习的。不过，这样学到的知识是无法直接应用在工作中的。即便研究方法类似，但学术正确性和数据验证的严谨性对做决策来说并没什么价值。

而且，以统计学为基础的假设检验观点（用归无假设做的有意验证）在工作中也是行不通的。在工作时，比验证的正确性更有意义的是能够做出迅速的判断。不要拘泥于学术的正确性，要寻找有利于做决定的信息，这才是最重要的。因此，在招聘此类人才时，面试官首先要注重人才的思考灵活性。

**数据工程师类人才**

此类人才的主要业务是：编程、系统安装、把业务内容和数理模型上的内容结合在一起，把程序和服务器结合在一起。此外，他们在具备独立完成工作的能力的同时，还要能够在大型项目中指挥全体编程团队进行协同作业。

此类人才多有处理SE、编程、数据库的工作经验，也有不少人正在以负责人的身份指挥编程、SE、系统作业的处理。总之，他们必须具有编程能力、对服务器的构成知识有深刻的理解。

正如数据GM能够解析项目的收益性，数据科学家能够讨论数理模型一样，数据工程师也要了解编程和安装的整体状况和具体环节。除了作业调整，他们还要能分析数据的基本构造、系统权限、网站和服务器构成的选项。他们是把项目具体化的关键人物。

很少有项目能够按最初的计划原原本本地执行开展。因此，在注重保守性和安全性的同时，数据工程师还要关注项目的延展性。例如，下一阶段需要哪些数据，将来会如何发展……数据工程师要有足够的前瞻力才能处理好这些问题。除了想象力，数据工程师还要理解业务和数据的定义。

就拿销售日期的例子来说，像这种简单的数据也是有很多种定义方法的（见表5-2）。而这样的细节问题是不会被专业书籍所提并讲解的。

数据工程师要关注业务内容，要把掌握的情况反映到程序中去，只有这样才能不断进步。学习能力对数据工程师来说是非常重要的。

## 培养人才的注意事项

除了招聘条件，还应该注意培养人才的方法。数据科学不是艺术，也不是魔术，它是有理论支撑的一门学科。并不是只有天赋异禀的人才能应用数据。只要通过学习培训，人们都能学会处理数据的方法。不过，目前培育数据人才的行业并不多见。那些能够培养一般业务人才、具有育人能力的企业，培养了众多干部的咨询公司，也没有培养出数据人才。

为什么会这样呢？是因为数据人才的培养比其他人才的培养更难吗？非也。数据科学是一个新领域，企业还没有找到合适的育才方法。其实，最初也没有培养优秀的业务员和经营者的好方法，方法都是在试错实验的基础上不断摸索总结出来的。

培养数据人才并不需要特殊的机制，可以用普通方法进行培养。具体方法请见下文。

### 发掘有潜力的人才和有成长空间的人才

首先要选拔有潜力的员工进行培养（即有可能成为数据 GM、数据科学家和数据工程师的人才）。前文已经介绍了他们的大体特征。你在选人时不必按图索骥，选择有类似特征的人才即可。企业规模大是不愁找不到人才的。

但如果公司规模小，没有人才怎么办？这时就要考虑去外部招聘人才了。大企业在招贤纳士时也要保证项目的专业性，让员工们在短期内学会业界的先进技术。

## 向人才传达公司的期待

你必须向备选人才讲明选拔目标，否则是不会有成效的。你要告诉他们“我想让你在这段时间学会这项技能”“我想让你去做这个项目”“你将来要在这个岗位上工作”等具体明确的期待。

## 管理者也要了解数据库

如前所述，在数据人才紧缺的现代社会，对数据工作越感兴趣的人，就越会抱着向其他企业学习的心态去接触外界。可如果管理者对数据业务一窍不通，那么每次做项目之前就要在公司里做动员大会，这样就会造成人才流失。

相反，如果管理者对数据有所了解，那么就能对数据人才做出更贴切的支持。这个道理浅显易懂，在数据业务领域也是同理。

## 让学习者努力学习、充分试错

培养数据人才的方法鲜有人知。毕竟，数据科学是通过频繁的在线交流、硬件升级、处理算法进化、共享编程数据库等多角度的交流而形成的技术体系。要想培养一流的数据人才，就要最大限度地促进人才与外部进行交流。

很多地方都有数据人才交流的社区，东京的交流社区有：面向数据GM类人才的“丸内解析”；面向数据科学家类人才的“JapanR”“数学咖啡”；面向数据工程师类人才的“TokyoWebmining”。

有人说："公司虽然支持我们参加研修、自由购买专业书籍，却不让我们开展项目。"脱离了实践的学习有什么意义？培养人才不仅要注重他们在理论方面的提升，还要让他们在工作中进行试错实验，学以致用。

如果条件允许的话，请让人才们充分试错。刚开始最好让他们从难度低、容易把控结果、易于获得成功体验的项目开始尝试。由浅入深、循序渐进的方法更有利于人才培养。

## 导致合作失败的原因

有些项目是人们不知道推进技巧而失败的，而有些项目则是因在过程中陷入误区而失败的。一般来说，在项目的初期人们都会抱有极高的热情，但随着项目进展得不顺利，热情就会消减。很多项目失败都是由沟通问题造成的。

下边是一些沟通失败的例子，希望你在工作中不要重蹈覆辙。人们很难觉察到自己陷入误区，请记住我举的这些例子，并告诫自己"我可不能犯同样的错误"。

### 数据 GM 应该避免的沟通误区

#### "能用收集到的数据做点什么吗？"

虽然纯粹从原始数据出发而全然不考虑目标的实践也有过成功的案例，而且媒体也喜欢宣扬那种在偶然的灵感乍现下、小项目取得大成功的鸡汤成功学，但在现实中，大多数成功案例都是从目标出发再去收集原始数据的。电视剧里可以有歪打正着式的成功，但在生活中我们必须脚踏实地。因此，我们应该关注那些具有可复制性的成功案例。

**【建议】**如果你从原始数据去思考问题的话，就应该思考“解决效果最好的课题是什么”。

**“能否整理出所有的异常问题，以便避免失误。”**

有的人在用算法去识别人无法发现的问题时，经常会有此一问。我们在第 5 章也介绍过相关案例。想要让算法把所有潜在的问题都预测出来，最有效的办法就是对机器发出的所有声音都能做出敏锐的判断，并及时以警报的方式通知机车驾驶员。数据 GM 能提供的是对改进机器有帮助的数据，团队讨论的问题应该是“敏感度”和“特异度”。

“敏感度”是指机车在发生潜在问题时，算法能够判断出故障的比例。“特异度”是指机车正常时，对正常状态做出判断的比例。一般来说，敏感度和特异度成反比关系。

**【建议】**你应该对目前算法的“特异度”和“敏感度”做出评估，并考虑如何设计以提高精确度为目标的调控。

**“能不能尽快完成数据的筛选工作？”**

对筛选数据流程感兴趣的人才会有此一问。虽然他们也知道筛选数据对于使用数据的重要性，但事实并不能如他们所愿。虽然让机器自动筛选数据也是有可能的，但前提是我们要先开发出那样的算法才行。

拿电子病历分析来说：

- 应该把血液检查结果里的小数点省略现象当作惯例处理还是当作错误处理？
- “肌酸酐”是指尿液中的肌酸酐，还是指血清中的肌酸酐？
- 如何处理验血试剂造成的数值偏差？
- 在测量血压平均值时，是否要排除白衣性高血压？

在做专业判断时，要从分析的目的入手，再做反向推算。

上述这些问题不是数据科学家和数据工程师能够定夺的。只有用数据做业务、争取顾客的数据 GM 才知道该如何评定、判断数据。所以，筛选数据并不容易。

**【建议】**如果没有筛选标准，那机器处理数据的效率会非常低下。因此，筛选标准相当重要，必须制定相关筛选标准。

## 数据科学家应避免的沟通误区

### “贝叶斯统计才是王道！频度论早就过时了。”

贝叶斯统计法较之以往的统计方法确实有优点。但本书并不想讨论方法的优劣，毕竟任何一种方法都不是放之四海而皆准的。

你在学习数据科学时，肯定会对某种方法论感兴趣。在经常用该方法解决某领域的问题的同时，你的能力也会提高。这样的努力是非常值得肯定的。可数据科学终究只是工具而已。你应该思考的是工具好用与否，对目标的达成是否有直接影响。我在解释模型（第 5 章）时说过，同一个模型在目标－实施等各项环节中体现出来的优缺点也不尽相同。

过度依赖某种工具会限制解决问题的思路。正如心理学家亚伯拉罕·马斯洛所说："手里有锤子的人会把所有问题都看成钉子。"该理论被称作"马斯洛的锤子"（见图6-6）。

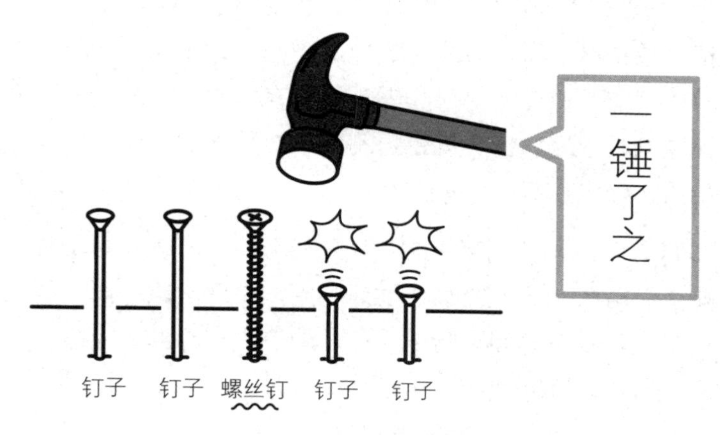


**图6-6　马斯洛的锤子**

再如，"即便你知道各种工具、方法的优缺点，如果你不能以简明易懂的方式讲给同事们听，项目也是无法开展下去的"。也就是说，你的解释不仅要有助于公司的短期工作，还要保证对客户数据库的升级有长期的价值。

数据科学家因为太聪明，所以总给人一种不好打交道的印象。你可以在比较各种方法的优缺点之后，深入浅出地把你的理解讲给大家听。这样不仅能提高同事们的知识水平，也能提升你的沟通技巧。

虽然做解释很麻烦，但能得到大多数人的支持，总比孤军奋战强。

**【建议】**你应该思考的问题有：哪种工具对达成目标最有帮助？如何才能清楚地向大家解释工具的优劣？在解释困难时，该如何提高同事们的数据科学水平。

**“我已经解释了分析结果，可同事们还是不懂。”**

很多数据科学家都会遇到这样的问题。如果同事们对数据科学感兴趣，能听懂专业讲解，那公司就有希望用更高级的数据办公。而数据科学家的任务就是提高同事对数据的理解，所以交流讲解是团队合作必不可少的活动。

其实，人们不仅对数据科学不感兴趣，对专业度太高的法律、财物、税务、劳务等复杂的话题同样不感兴趣。而专业人士的工作就是将复杂的知识转化为简单的道理解释给大家庭，让初学者认识到专业的价值。

社交能力是数据科学家的必备技能之一。同事们不明白你的理论解释，只能说明你的讲解过于无聊。

**【建议】**在对数据科学充满误解的环境中，能理解数据本质的人是非常罕见的。因此，数据科学家必须要根据听者的知识水平和理解能力准备相应的提案，并提高自身的表达能力。

**“我按业务部的指示去做验证，但后期却全然得不出结果。”**

数据科学家不是业务员言听计从的跟班，数据 GM 也没有必要在弄懂数据性质和分析方法特性的基础上做出指示。数据科学家必须自己判断数据是否对业务有价值。

而且，数据 GM 也有很多工作要做。让他们根据数据情况去推进项目进展，或让他们去了解数据的分布状况是不可能的。怀揣“我是按照业务员的吩咐去处理数据的”这种想法的数据科学家是不负责且没有工作能力的。想为团队做贡献的人是不会说出这样的话的。

数据科学家在工作时不能太被动，要多想想自己能为决策做出哪些贡献。因此，数据科学家也要学习业务方面的知识和熟悉业务流程。

**【建议】**数据科学家不是给业务员提供数据的便利店打工仔，必须思考如何以和业务员平等的身份对工作提出更有价值的意见。

## 数据工程师应避免的沟通误区

**“所有的数据都要请示供应商，真是太麻烦了。”**

数据工程师没能把握好数据结构才会这样抱怨。这种请示对团队合作毫无意义。数据科学家要在理论上为项目提供支援，数据工程师要了解数据的可信赖性和正确性。如果被问起来才去确认数据资源、下定义就太迟了。毕竟，数据工程师应该是最了解数据的人。

**【建议】**数据工程师应该反省自己是否足够了解数据定义；是否充分关注数据资源。为掌握数据情况，应该做哪方面的努力。

**“我不能提供个人信息。做项目一定要收集个人信息吗？”**

数据工程师是无法决定数据的使用权的。如果有为数据库和服务器保密的必要，那么只访问业务用数据就可以了。对个人信息的使用心怀疑虑的人是没有资格做数据工程师的。在与其他公司竞争时，不能让重要的团队成员去解释那些没意义的事，无效的重复作业只会导致人才的流失。一旦发现这种苗头就要及时制止。

如果处理数据的负责人认为必须用个人信息才能解决问题，那数据工程师就要把这些数据处理到不影响使用的程度。处理个人信息，当然也要遵纪守法。为避免遭到法律上的追责，必须对个人信息进行匿名化处理。日本厚生劳动省在处理病例数据时，都是把个人信息做模糊化处理的。前文介绍的本田导航系统可以通过收集每台车的数据，来测定某车在何时何地以怎样的速度行驶。

**【建议】**数据工程师不能因为自己对数据没有决定权就放弃立场与原则。数据工程师应该思考的是如何把数据做匿名化处理，以满足项目开发的需要。

**“处理数据是要花钱的。”**

这个问题表明数据工程师对数据库没有足够的了解，工作时没有尽职尽责。

如果数据工程师经常访问数据库就会对数据的收集情况、分布、异常值烂熟于心。在制定算法时，数据工程师就能像专家一样为团队做出贡献。

数据是团队解决问题的武器。如果每次做数据都要花钱，这会让人无法接受。数据工程师应为尽早实现自由处理数据而与数据 GM 并肩作战。

**【建议】**首先要明确用数据办公之前的工作状态。其次要考虑在准备能够访问数据的公共基础设施时，与之有关的每个人都能做些什么。

有人认为上述问题是由各岗位的负责人能力匮乏、责任心不强导致的。这种想法虽然情有可原，但却十分狭隘短见。不要只看表面现象，要去考虑问题产生的根本原因。不排除有些人对别人总是抱有成见，但上述问题的根本原因在于团队的奖惩制度不合理。我们要考虑的是如何把工作做好，如何驱动员工们使用数据解决问题，如何打造人人都参与进来的团队。这才是对工作有价值的思考。

## 发掘公司里的璞玉浑金

有人看到电视或杂志里对优秀的数据科学家的专访时，就会羡慕地感慨道："我们公司要是也有这样的人才就好了。"因为这样的人才求之不得，所以他们也就丧失了求贤之心。我也见过很多因为找不到理想人才而终止项目的企业。

实际上，那些用数据做出成绩的人才大多都不是天才，而是勤奋的人。能否用数据做出成绩是判断他们对于团队是否有价值的标准。

当然，世上的确有聪明人，但这个世界却并不是只为聪明人准备的。大多数人都是有待开发的璞玉浑金。

随着数据解析手法的进化和硬件性能的提升，普通人也能用数据做出成绩。日本历史上织田信长的铁炮队在两军阵前发挥了极大的作用，但这能说明铁炮兵的体力和智力就优于常人吗？

当然不是。那是因为织田信长对铁炮兵的指挥和对铁炮的应用技高一筹。注意，如果普通人愿意接受数据科学这一新武器的话，也一样能在新时代大有作为。

“没有优秀的人才就不能做出成绩”的思想只能阻碍企业的进步。请用目标－实施框架体系寻找把理想变成现实的方法！

## 不懂数据科学怎么办

最后，我想说一下不懂数据科学的人在未来如何谋生。

### 自我反省

置身于时代变化的涡旋中，人是无法了解时局全貌的。即使我们在心里明白时代不同了，也很难看清形势。就现在的种种情况而言，各领域都出现了机器脑时代到来的迹象。所以，改变观念适应时代是非常必要的。

“还是人工作业更让人放心”“把工作交给系统去处理，最终还是会给人添麻烦的”“有问题就要找专家解决”……我们的职业价值观就是在这样的思想环境中形成的。这些想法正确与否，我们姑且不论，但你务必明白的是：支撑这些观点的前提条件已经发生变化了。

### 数据 GM 的基本素质

如果你想在某种环境中生存，就必须有能够适应该种环境的生存技能。假如你在国外生活，那么你就得学会外语，会用互联网办公。过去，日本人认为人的必备技能有阅读、写作和计算。今后，人们的必备技能就是数据科学的应用能力。特别是对企业白领们来说，将来还有几十年的工作要做，掌握数据科学就更加重要了。

我在研修会上经常能听到“我对数据科学一窍不通，我该怎么办”之类的问题。极端的回答就是“不懂就去学”。既然环境已经发生了变化，我们就必须掌握新的技能才能适应新的环境。“虽然我对数据科学有所耳闻，但却不会应用”的说法，就像你知道互联网的存在，却不会用它去查资料、发邮件一样。你什么都不会，还想找到工作吗？

因此，我才针对时代和观念的变化在书里写了很多富有启发性的内容。不过，即便懂了这个道理，人们也很难付诸行动。学习技能、转变思想并不是那么容易就能做到的。既然已经进入了铁炮时代，就不要抱有“我虽然不懂铁炮，但还能用弓箭立功”的想法了。我的写作初衷也是为了帮助大家尽快转变思想，顺利步入新时代。

在开发机器脑之前，你可以阅读小弗雷德里克·P. 布鲁克斯（Frederick P. Brooks, Jr.）所著的介绍系统开发的书籍《人月神话》。系统开发时的预测计算工作需要以“人月”为单位，即计算一名工程师的月劳动生产率。有的企业为了弥补被磨刀耽误的砍柴工，就投入了大量的人力资源，但实际上这种方法是不可取的。这本书讲的就是为什么不能那样做。

## 数据科学家的基本素质

数据科学家在工作时首先要具备统计和数据科学方面的知

识。你可以阅读相关讲解此类知识的书籍，从而不断地汲取新的知识。正如渔夫会经常修补渔船一样，这些准备工作是非常有意义的。

不过，这类书讲的都是相关知识点。而如何应用知识、如何在团队中有所作为、如何创造价值，这些问题比学习计算方法更重要。

因此，你可以读一读大阪燃气株式会社信息通信部业务分析所所长河本熏先生的著作《改变公司的分析能力》。书中的第 4 章“分析专家之路”会让你远离沦为数据便利店打工仔的误区，帮助你以数据专家的身份创造出更大的价值。

## 数据工程师的基本素质

在开发机器脑的项目时，数据工程师必须精通服务器、云等基础设施方面的相关知识，并能对数据库了如指掌，做到无障碍地与其他人交流。实际上，其他领域的工程师在工作时也要了解基础设施知识。那么，数据工程师对其他两类知识的储备量下限在哪里呢？

在数据库方面，数据工程师要掌握构建新数据库的方法，用更好的办法升级原始数据库，正确地筛选数据，以及客观评价分析结果。

数据的抽取、加工、输出作业可以统称为 ETL（Extract-Transform-Load）技术。与这项技术有关的工具有 Pentaho 和 Talend。数据工程师应对这些工具有所了解。有些企业还把数据分析的专业软件 SAS 也导入了 ETL 技术。实际上，这些工具的安装方法大体相似。所以，数据工程师只了解基本工具的使用方法就可以了。

数据工程师需要通晓的语言包括：与数据库有关的SQL；加工、解析和处理数据的R语言、Python和Fortran。R语言和Python是数据科学家的常用工具。数据工程师对它们的了解不必精通，只要能用它们编程即可。这样才能与数据科学家顺畅地探讨编程作业，才能自行解决bug，省略不必要的工序。

如果你能力欠佳，可参加一些以数据分析为主题的编程马拉松会议。那样你就能在会议中积累到很多经验。如果听不懂会议的内容，也可以跟书学习编程知识。下边的两本书讲的都是以R语言为例的基础知识：

- 久保拓弥所著的、由岩波书店出版的《数据解析统计建模入门》，这本书主要讲有关统计学的知识；
- 平井有三所著的、由森北出版社出版的《初次模型识别》，这本书主要讲机器学习方面的知识。

## 把团队精神和标准牢记在心

机器脑不是一个人就能完成的项目，它的实现要靠多部门的紧密配合。由目标－实施框架体系可知，机器脑项目的复杂性和其价值实现过程的艰巨性都非比寻常。它不会随着数据技术进步或硬件性能的提升而改变团队合作的性质。

团队配合及战术也适用于机器脑开发。团队要从数据GM、数据科学家、数据工程师的职能出发，合理安排和部署战斗力。此外，还要考虑如何增加增援部队、啦啦队，如何在公司内部做周密的安排等关联问题。

# 结语
# 普通人该如何迎接机器脑时代的到来

- 人与机器的分工经常发生变化
- 不能放弃新武器参与竞争
- 成为能够操纵机器脑的人
- 找准自己的定位才能与天才共事

## 人与机器的分工经常发生变化

本书的读者群是想深入学习数据科学、透彻理解数据科学的原则原理、在看过先进事例后有志投身于此行业的人。在探讨大数据的热潮中，尽管很多书籍都介绍了数据科学及其周边领域，但它们介绍的只是些完美的案例和经济上的收益。而有些书籍虽然对统计法做了详细的说明，却不能将理论与实践相结合。这些书籍并没能把握好事例介绍与操作方法之间的平衡。本书在克服上述弊端的基础上，为希望用数据科学做出业绩的负责人、经理、业务骨干提供了切实可行的建议。先通过学习领悟机器脑的本质，再做决策是非常重要的。

对完美的案例只有浅层次的了解、只能捕捉到片面的信息、对整体缺乏把握，是无法理解新技术的含义、独到之处及其能力范围的。至此，你一定意识到了能够让众多业务实现高效运作、人类史上前所未有的机器脑是不会让我们失业的事实。

技术的进步会让机器作业代替人工作业，模糊二者的分工界限。在产业革命时期，很多技术纯熟的工人都失业了。现在的媒体也在炒作 AI 会跟人类抢饭碗的问题。不过，不管各时代的技术如何进步，人类的工作和职业都不会发生太大的变化。技术毕竟是有限的。特别是在制作复杂的机器脑时，决定目标的人的意志和为实施所做的努力，都是需要人用更高的想象力和创造力才能实现的。

## 不能放弃新武器参与竞争

未来，机器脑与生活的关系会愈发密切。

即便你不是程序员，如果你与 IT 企业间有贸易往来，那么你就要准备数据，为机器脑做判断提供相应的素材。

就算你所在的企业与机器脑无关，请问你能保证同行对手不把机器脑应用到生产中吗？世界上最大的民宿企业爱彼迎、最大的出租车企业优步公司都是用机器脑辅助办公的。如果你的企业没有使用机器脑参与竞争，那么你就有可能被机器脑抢走饭碗。

产业革命时期，也曾有人高调地认为："我这辈子都不会和蒸汽机有交集。"但实际上他们的生活都或多或少地受到了蒸汽机的影响。同理，我们将来会生活在一个机器脑随处可见的时代中。

## 成为能够操纵机器脑的人

本书的写作目标不是在刺激"人工智能会让我失业"的恐慌心理。虽然我在书里多次提到人与机器之间的竞争，但机器只是工具，仇视工具是没有意义的。电子计算器是在算盘称霸的时代出现的，难道电子计算器就应该被仇视吗？而 Excel 表格后来居上，难道它就该被禁用吗？想要提高我们的工作水平，就得对新事物保持好奇心。即便有些事物看上去很难搞定，也要对新事物持有学习和接纳的态度。

我主要是以顾问的身份为用数据办公的客户献计献策的。此外，我还在医疗、教育等领域贡献着自己的力量。我的工作心得是，我用感觉和经验处理的人工作业正在被亲手创造的机器脑所取代。

但我并不担心自己会被机器脑抢了饭碗。与人工判断相比，机器脑在工作时不会受到突发事件的影响，会保持优秀的敏感度和特异度而持续工作。机器脑在工作时也不会感到疲倦，它会以值得信赖的效率连续作业。因此，我就可以不再为琐碎的机械作业浪费时间，而可以把宝贵的时间用在那些更需要想象力和创造力的工作上。

正因为我喜欢去做有创意的工作，所以我才不排斥机器脑的出现。如果我没有想要拓宽职业范围的好奇心，那我也可能会担心被机器脑抢了饭碗。我对充满想象力和创造力的工作满怀热情，并期待能够最大限度发掘自己的潜力。所以我能够接受时代的变化，以宽容的态度对待机器脑。

## 找准自己的定位才能与天才共事

由于媒体的过度宣传，数据科学家才被人们想象得神乎其神。我在前文中就向你介绍过天才作业和团队作业的区别。正因为我们在现实生活中很难找到业务、数据科学、数据编程三方面都很擅长的天才，所以才要组建可复制性高、扩张性大的开发团队。团队中数据 GM、数据科学家和数据工程师的完美配合才是业绩的根本保证。

在第 5 章中所介绍的目标－实施框架体系中的任何一个环节都无法由数据科学家独立完成。数据科学家不仅无法决定目标，就连数据也无法独自处理。例如，“销售日期”一词就有很多种定义方法。如果不向精通业务实态的业务员征求意见，数据科学家是无法收集到有效数据的。编程和安装也不是数据科学家能决定的。编程语言的选择同样要征求其他人的意见。

可见，数据科学并不是只有天才和超级英雄才能操控的东西，而是需要配合紧密的团队协作。

当然，如果你对编程和机器脑一窍不通，也可以为相关项目做出贡献。如果不理解机器脑类型等知识，想要与团队中的其他成员找到共同语言是非常困难的。不过，如果你掌握了工作方法，就算不会编程，也一样能为团队做出贡献。你可以在理解基本概念的基础上，以业务部的意见为准，做一名团队中的沟通协调员。这样你就不会被机器抢走工作，不会被天才们嫌弃，而成为团队中的重要一员了。

“追逐、赶超时代”彰显了各时代开拓者的野心和不屈不挠的精神。希望你在阅读本书后，能为社会的发展做出更大的贡献。

# 译者后记

曾经一个亲戚问过我这个问题："要是工作都交给了机器做，人都干啥去？""当然是做更能体现人的价值和创造力的事了。"我是这样回答的。之后，我又举了个例子。例如，国内很多银行都设有自助服务机。这些机器能开户、能理财、能办定期存款、能交费……能办的事情越来越多。但说到它的操作体验感，我感觉并没有多好。

我觉得这种机器十分复杂，想要看懂屏幕上的操作提示也需要思考的时间，这样一来，这种貌似便捷的设备实际上还是不如人工服务来得痛快舒适。假如你想问汇率最高且保本的理财项目是哪个时，如果是银行的工作人员提供服务，那他就会问你"你要存多少钱，要存多久"，之后推荐给你相应的理财项目。但自助机器必须按步骤来，按程序和选项来，这是非常麻烦的。而且，客户对银行里的理财术语也不是很精通，有时甚至没法精准地表达自己的问题，结果用机器操作就特别麻烦，造成顾客的使用体验一点都不好。假如有两台自助服务机却只有一名操作提示员，那么这名操作提示员同时为两名客户服务时就会手忙脚乱，经常被客户催促"我下一步该怎么做"。所以，像这样的相对复杂、专业性较高的机器脑在操作时仿佛还是一个很麻烦人的存在。

相反，支付宝里的理财服务就相对方便得多。它们的理财服务能够根据你平时的消费特点做出判断，并推荐适合你的理财方法。以用户的消费行为和理财行为为根据，通过数据分析和对客户的理财类型进行分类，来做出相应的判断与推荐，让客户省去了很多咨询问题和选择困难的时间。我认为支付宝的理财服务是非常简便、非常人性化的。

书中提到一个观点就是机器脑可以搞创作、能在分析各片段的采分点后评价剧本，能介入人文领域并大显身手。我对这个观点的理解是，机器脑是个老谋深算的家伙，能摸清大部分观众喜闻乐见的套路，所以能“创作”出像快餐店里出售的套餐一样的“作品”来。比如，一份汉堡、一份薯条加一杯可乐，这大概就是快餐店里的经典搭配了吧。且不说这些东西是否好吃，但只要想到快餐店里基本的主食就是这些东西，再怎么调整搭配方法，也可能不会激起人们的食欲了吧？

当然，我不排斥机器脑参与创作。机器脑本身就是一个套路满满的“戏精”，如果人想不出更有思辨性的内容和感悟，不能真正理解人文的内涵，那么从布局谋篇上必然会败给机器脑。

我对算法参与人文类创作的看法是，它可以整理目前为止的各类文艺形式，可以分析它们各自的特点和奥妙，但并不可以真正指导人去创作。由于算法具备高度的可视化和分类、预测功能，在文艺创作时，我们可以接纳算法的前两个功能，并做出比预测功能更有前瞻性和深度的思考，才能让文艺变得更加精进。

此外，我非常同意作者所说的机器脑时代的群众路线观点。机器脑不是小众的专享，它的开发更需要基层工作者的参与与付出。

在此感谢刘宝娣、袁立军共同参与本书翻译。时间仓促，水平有限，请朋友们对译文多多指正，多提宝贵意见。

**图书在版编目（CIP）数据**

机器脑时代：数据科学究竟如何颠覆人类生活 /（日）加藤埃尔蒂斯聪志著；袁光译. —北京：中国人民大学出版社，2019.12

ISBN 978-7-300-27603-8

Ⅰ.①机… Ⅱ.①加… ②袁… Ⅲ.①人工智能—普及读物 Ⅳ.① TP18-49

中国版本图书馆 CIP 数据核字（2019）第 237675 号

**机器脑时代：数据科学究竟如何颠覆人类生活**

［日］加藤埃尔蒂斯聪志　著

袁　光　译

徐　颖　审译

Jiqinao Shidai: Shuju Kexue Jiujing Ruhe Dianfu Renlei Shenghuo

---

| | | | |
|---|---|---|---|
| **出版发行** | 中国人民大学出版社 | | |
| **社　　址** | 北京中关村大街 31 号 | **邮政编码** | 100080 |
| **电　　话** | 010-62511242（总编室） | | 010-62511770（质管部） |
| | 010-82501766（邮购部） | | 010-62514148（门市部） |
| | 010-62515195（发行公司） | | 010-62515275（盗版举报） |
| **网　　址** | http://www.crup.com.cn | | |
| **经　　销** | 新华书店 | | |
| **印　　刷** | 天津中印联印务有限公司 | | |
| **规　　格** | 148mm × 210mm　32 开本 | **版　次** | 2019 年 12 月第 1 版 |
| **印　　张** | 6　插页 1 | **印　次** | 2019 年 12 月第 1 次印刷 |
| **字　　数** | 131 000 | **定　价** | 59.00 元 |

---

北京阅想时代文化发展有限责任公司为中国人民大学出版社有限公司下属的商业新知事业部，致力于经管类优秀出版物（外版书为主）的策划及出版，主要涉及经济管理、金融、投资理财、心理学、成功励志、生活等出版领域，下设“阅想 · 商业”“阅想 · 财富”“阅想 · 新知”“阅想 · 心理”“阅想 · 生活”以及“阅想 · 人文”等多条产品线。致力于为国内商业人士提供涵盖先进、前沿的管理理念和思想的专业类图书和趋势类图书，同时也为满足商业人士的内心诉求，打造一系列提倡心理和生活健康的心理学图书和生活管理类图书。

**《谁动了你的数据：数据巨头们如何掏空你的钱包》**

- 藏在网络背后的数据巨头们仿佛能洞悉你的所思所想，它们对你无所不知，而你却对它们一无所知。
- 大众市场已经被数据巨头们切割成了一个又一个细分的小众市场，消费者在独自面对这些巨头们时根本无力自保。

**《AI：人工智能的本质与未来》**

- 一部人工智能进化史。
- 集人工智能领域顶级大牛、思维与机器研究领域最杰出的哲学家多年研究之大成。
- 关于人工智能的本质和未来更清晰、简明、切合实际的论述。

## 《大数据供应链：构建工业 4.0 时代智能物流新模式》

- 国际供应链管理专家娜达·桑德斯博士聚焦传统供应链模式向大数据转型，助力工业 4.0 时代智能供应链构建。
- 未来竞争的核心将是争夺数据源、分析数据能力的竞争，而未来的供应链管理将赢在大数据。

## 《大数据经济新常态：如何在数据生态圈中实现共赢》

- 客户关系管理和市场情报领域的专家、埃默里大学教授倾情撰写。
- 中国经济再次站到了升级之路的十字路口，数据经济无疑是挖掘中国新常态经济潜能，实现经济升级与传统企业转型的关键。
- 本书适合分析师、企业高管、市场营销专家、咨询顾问以及所有对大数据感兴趣的人士阅读。

## 《区块链数字货币投资指南》

- 全面解析区块链货币投资价值、趋势与风险。
- 助力投资者掘金未来资本市场的主要战场。

## 《对“伪大数据”说不：走出大数据分析与解读的误区》

- 从另一个角度认识大数据的力量，带我们走出大数据分析与解读的误区，帮助我们培养出数字直觉。
- 我们生活在大数据的时代，在本书中，统计学专家冯启思将告诉你在什么时候可以接受大数据“专家”的结论，什么时候要对这些统计数字提出质疑。

## 《供应链金融运营实战指南》

- 深入了解供应链这一战略资产在企业决策和增值中的核心地位。
- 厘清供应链运营对吸引投资者和企业融资的关键作用。
- 从微观层面助力企业优化供应链金融绩效、打造高效价值链。

## 《人机共生：当爱情、生活和战争都自动化了，人类该如何自处》

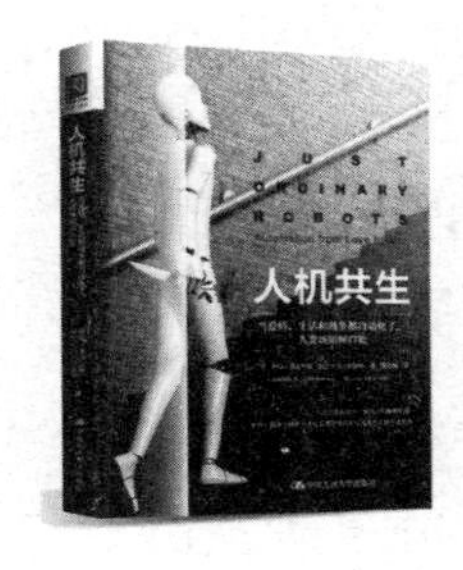


- 新机器时代已经来临，人类召唤的绝不只是冰冷的智能机器。
- 如何让机器人拥有人性的温度是我们无法逃避的深度伦理思考。

## 《数字货币时代：区块链技术的应用与未来》

- 一本用通俗易懂且诙谐的语言将数字货币的前世今生以及区块链技术讲明白、讲透彻的书。
- 以比特币为代表的数字货币本身并不是什么颠覆性创新，其背后的区块链技术才是游戏规则的颠覆者。
- 揭秘数字货币未来的发展方向以及区块链技术带给我们的革命性变革与机遇 。

## 《颠覆性医疗革命：未来科技与医疗的无缝对接》

- 一位医学未来主义者对未来医疗 22 大发展趋势的深刻剖析，深度探讨创新技术风暴下传统医疗体系的瓦解与重建。
- 硅谷奇点大学“指数级增长医学”教授吕西安·恩格乐作序力荐。
- 医生、护士以及医疗方向 MBA 必读。